LE JARDINIER BOTANISTE,

OU

La maniere de cultiver toutes sortes de Plantes, Fleurs, Arbres & Arbrisseaux, avec leur usage en Médecine ; ensemble toutes les Plantes étrangeres qui peuvent être propres pour l'embellissement des Jardins.

Divisées & mises en ordre Alphabetique par M BESNIER.*

A PARIS,

Chez CLAUDE PRUDHOMME, au sixiéme Pilier de la Grand'Salle du Palais, vis-à-vis la Montée de la Cour des Aydés, à la Bonne-Foy couronnée.

M. DCCV.

PREFACE.

C E n'est que parce que les inclinations & les jugements des hommes ont été differents, que chaque Autheur s'est occupé à traiter differentes matieres; ainsi celui-là enchanté de la delicatesse de la Poësie, a formé un Mont presque inaccessible à tout autre qu'à Appollon & aux neuf Sœurs. Cet autre au contraire, charmé de la beauté de l'éloquence, a travaillé à former un excellent Orateur ; & le conduisant par les longs degrez de cet Art, l'a fait parvenir jusqu'au plus haut point où on pût l'élever. Quelques-uns ont fait le Portrait d'un grand Prince ; & d'autres celui d'un sage Capitaine. Tous ont travaillé pour leur propre interêt ; ceux-là pour l'ambiton , ceux-ci pour le gain , sans s'embarrasser de l'utilité publique.

Pour moi, degagé de toute vaine gloire & de tout autre interêt , j'ai crû devoir remplir une partie de mon tems

PREFACE.

par l'étude de quelque chose qui pût & être utile &
recréer tout ensemble. C'est
ce que l'on trouvera dans ce
petit Livre de Botanique,
où l'on verra par Chapitres
tres-courts & suffisamment
expliquez, la maniere & le
tems de faire tout ce qui
regarde les Plantes en lieu
& saison.

On verra encore comme
l'on doit planter, élever &
cultiver toutes sortes de Plantes médecinales, Arbres &
Arbrisseaux, avec leurs vertus.

De plus on connoîtra tous
les genres de Plantes qui se

PREFACE.

font trouvez fous differents climats, & la maniere de les élever, le tout rangé par ordre Alphabetique.

Ainfi fans m'être attaché à faire de longs difcours, tres-fouvent ennuyeux, je me fuis contenté de conduire, comme par la main, le Lecteur à la connoiffance des chofes où les plus grands Hommes ont donné leurs plus précieux moments; j'oferois même dire que le Createur a daigné former un jour pour la production de fes Trefors cachez, lorfque de fa facrée bouche il profera ces paroles, *Germinet terra*

PREFACE.

herbam virentem & facientem semen juxta genus suum. Adam en ſçavoit les proprietez ; & le plus ſage des Rois , Salomon , n'eut pour ainſi dire le don de la Sageſſe qu'avec celui de cette connoiſſance.

Je me flatte donc que le public aura quelque reconnoiſſance de mon travail , & trouvera ici ſon utilité ; le Médecin, la vertu & proprieté des Plantes ; le Fleuriſte , la maniere d'élever des Fleurs ; le Jardinier , comme il faut planter & preparer les terres.

Tout ce que je ſouhaite

enfin, cher Lecteur, c'eſt que
pour récompenſe de mon
travail mon Livre vous ſoit
utile, & que la vûë que j'ai
d'obliger le Public me tienne
lieu de récompenſe.

APPROBATION.

J'Ai lû par ordre de Monseigneur le Chancelier, un Manuscrit intitulé *Le Jardinier Botaniste*, dans lequel je n'ai rien trouvé qui doive en empêcher l'impression. A Paris ce 28. Aoust 1704. POUCHARD.

TABLE
DES MATIERES
DU PREMIER LIVRE.

TABLE.

Fin de la Table du premier Livre.

REMARQUE.

*Cette marque * mise en differents endroits, denote que la Plante se nomme en François comme en Latin.*

LE

LE JARDINIER BOTANISTE.

LIVRE PREMIER.

De la culture des Plantes en general.

CHAPITRE PREMIER.

De la maniere de préparer la terre pour les Plantes qui se mettent en Pots ou en Caisses.

Tous ceux qui ont traité du Jardinage, ont ordinairement commencé par la consideration des Terres qui y sont propres ; c'est aussi la prin-

A

cipale condition , & même la plus essentielle.

De toues les manieres de préparer la terre , la meilleure est celle-ci

J'ai remarqué que les Plantes y viennent tres-bien, & poussent plus qu'en toute autre terre,

Je fais venir trois tombreaux de terre d'égout que je fais tirer du fond des égouts des environs de Paris.

Autant de terre forte, qui est celle dont se servent les Fondeurs de cloches pour faire leurs moules , & qui se trouve au pied de Villejuif proche Paris.

Un tombreau de marc de raisin.

Et six tombreaux de terreau.

Je mêle le tout ensemble & laboure plusieurs fois, jusqu'à ce qu'on ne connoisse plus ni le terreau, ni la terre forte , ni la

terre d'égout, ni le marc de rai-
fin ; je laiſſe repoſer le tout
quelque tems, puis je paſſe le
tout par la claye, pour m'en fervir quand j'en ai beſoin ; je pre-
pare ordinairement ladite terre
en Automne, pour la laiſſer repoſer tout l'Hyver, & pour qu'elle s'imbibe & que le terreau
pourriſſe davantage.

Quand on voudra ſe ſervir de
ladite terre, on pourra avoir un
petit crible pour la repaſſer encore, afin qu'elle ſoit plus fine,
& que les Plantes y viennent
mieux.

CHAPITRE II.

Maniere de planter les Plantes en Pots ou en Caiſſes.

LEs Pots qui ſont vernis ſont les meilleurs ; ils doivent avoir autant de hauteur que d'ouverture ; le fond doit être plus étroit que l'entrée de deux ou trois doigts, afin d'en pouvoir facilement & ſans danger tirer les Plantes avec leur terre. Ils doivent être fendus à deux ou trois endroits par en-bas pour écouler l'eau qu'ils reçoivent. On emplira leſdits Pots de la terre qu'on aura preparée, puis on plantera les Plantes dedans, à quatre à cinq doigts de profondeur ; on fera en ſorte que les Plantes ayent un peu de terre autour de leurs racines, afin qu'elles reprennent plus aiſément & plus vîte ; aprés qu'on les aura plantées on ne les expoſera pas tout auſſi-tôt au Soleil, mais on les arroſera & on les mettra à l'ombre, pour les y laiſſer deux ou trois jours.

On gardera la même regle pour planter en Caiſſes.

CHAPITRE III.

Quand & comment il faut ſemer.

LA meilleure & la plus propre ſaiſon de ſemer eſt le Printems, & quand l'air eſt un peu temperé ; on ſeme auſſi en Automne, mais on ne ſeme en ce tems que les graines d'Arbres qui ſont ordinairement plus dures à lever que les autres.

A iij

Les femences des Fleurs &
Plantes étrangeres doivent être
femées fur couches chaudes &
fous cloches, pour y être entre-
tenuës jufqu'à ce que le tems
permette de les tranfplanter, &
qu'elles foient un peu fortes. Les
Plantes étrangeres fe fement ordinairement en Pots, parce qu'elles font plus dures à lever que les
autres, & qu'on enterre les Pots
dans des couches qu'on fait de
tems en tems pour les faire lever ; il n'eft pas neceffaire d'y
femer les Fleurs Automnales qui
fe fement ordinairement en pleine couche.

CHAPITRE IV.

Maniere de faire des Couches, & le tems de les faire.

LEs Païs chauds n'ont point besoin de cet expedient pour produire presque en tout tems de toutes choses ; la terre de nos Païs ne sçauroit avoir une pareille fertilité, si l'industrie du Jardinier ne s'en mêle : c'est pour cela qu'on a inventé les couches, pour donner un certain degré de chaleur que la terre n'a point, & pour faire avancer les Plantes dans leurs productions. Pour faire lesdites couches, il faut du grand fumier de cheval, qui soit ou entierement, ou tout au plus mêlé d'un tiers de vieux. Le vieux fumier fait que la couche

se tient plus long-tems chaude.
La place où la couche doit être
ayant été marquée, le Jardinier
y porte un rang de hottées de
fumier à la queuë l'une de l'autre ; il commence ensuite à tra-
vailler & à arranger son fumier
l'un sur l'autre ; il se sert pour
cela d'une fourche. On fait ordinairement les couches de trois
pieds de large sur deux pieds
de hauteur. Quand son fumier
sera arrangé il apportera du terreau qu'il répandra sur cette
couche pour avoir la facilité de
semer dessus ; il doit mettre sur
chaque couche un demi pied
de terreau, & faire en sorte qu'il
soit répandu également.

On ne semera pas aussi-tôt que
la couche sera faite, on atten-
dra que la plus grande chaleur
soit passée, parce qu'elle brûleroit & consommeroit tout ce

qu'on y auroit femé. Que fi
on s'apperçoit que la couche
fe refroidifſe, on fera tout autour des réchauffements avec
du fumier neuf ; par ce moyen
on y entretient & renouvelle la
chaleur dans le degré où elle
doit être. On fait ordinairement
les premieres couches en Janvier,
pour femer les Melons & Concombres : les autres fe font en
Mars & Avril pour les Plantes.

CHAPITRE V.

Maniere d'élever les Plantes , Ar-
bres ou Arbriſſeaux étrangers ,
même de les faire paſſer l'Hyver
ſans Serre.

IL faut avoir foin de faire en
tous tems des couches:d'abord
que celle que vous avez faite

eſt froide, la réchauffer ou en faire une neuve. Quand vos Plantes auront levé ſur vos couches, & qu'elles ne pourront plus tenir ſous les cloches, vous ferez faire une eſpece de Serre toute vitrée : telle eſt celle qui eſt repreſentée ici.

Vous arrangerez toutes vos Plantes plantées dans leurs Pots ſous ce chaſſis qui ſe mettra ſur vôtre couche ; vous enterrez vos Pots dans le terreau de la couche : quand le Soleil perce au traver de ce chaſſis, il eſt inconcevable combien la chaleur eſt grande, & quel bien cela fait aux Plantes ; on ouvrira dans les grandes chaleurs les fenêtres de ce chaſſis : quand l'Hyver approchera, on fera faire des paillaſſons, & on fera proviſion de fumier ſec pour le couvrir pendant les gelées : on le découvrira le

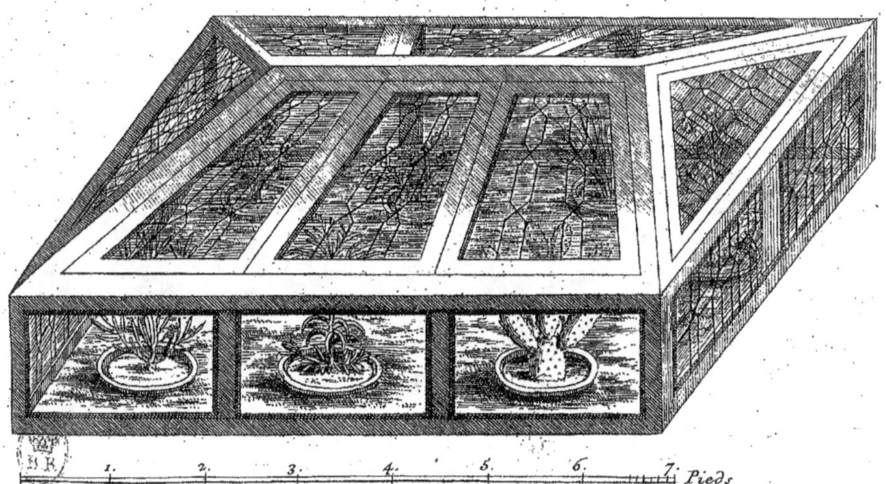

_ fol. 10.
1. 2. 3. 4. 5. 6. 7. Pieds
Simoneau le Jeune

jour quand il ne gelera point, & on le recouvrira tous les soirs.

CHÀPITRE VI.

L'heure & la maniere d'arroser les Plantes.

PEndant l'Hyver les Plantes ne demandent pas d'être humectées d'une grande quantité d'eau, on les arrosera deux heures aprés le Soleil levé, & jamais le soir, parce que la froideur de la nuit pourroit geler la terre, & cette gelée feroit infailliblement mourir les Plantes.

Quand on les arrose dans cette saison il faut prendre garde de ne les point mouiller, mais plonger seulement le cul du Pot dans l'eau à la hauteur de trois doigts, ou mettre seulement de l'eau tout à l'entour.

Et tout au contraire, dans l'Esté il les faut arroser le soir aprés le Soleil couché, & jamais le matin, parce que la chaleur du jour échauffant l'eau, brûleroit tellement la terre, que les Plantes pourroient se fletrir & secher.

Plus une Plante est grande & forte, plus aussi il lui faut d'eau.

CHAPITRE VII.

Maniere de multiplier toutes sortes de Plantes.

LEs Arbres & Arbustes se multiplient d'une autre maniere que les Plantes & les Fleurs; on prend ordinairement des Arbres & Arbustes ce qui repousse aupied pour les multiplier, c'eſt ce qu'on appelle Jettons; ce qui ſe doit faire au Printems devant que la Seve monte : ou bien on les marcotte de la même façon qu'on marcotte les œillets, comme on le pourra voir où j'en ai parlé, exceptez qu'on le fait au Printems.

Les Plantes ſe multiplient de Plant enraciné, en ſeparant leurs pieds en quatre ou cinq Plantes qu'on replantera & arroſera auſſitôt. Le meilleur tems de multiplier les Plantes eſt le mois de Septembre.

Les Plantes graſſes & ſpongieuſes qui ont aſſez de peine à grainer ſe multiplient de Boutures en Avril, en détachant un œilleton ou branche du corps de la Plante, puis la replanter auſſi-tôt ; on peut leur faciliter de reprendre racines plus vîte, en enterrant dans une couche chaude les Pots où elles sont plantées.

CHAPITRE VIII.

Maniere de greffer : en quel tems & saison il faut cueiller les Greffes.

DE toutes les façons de greffer il n'y en a que deux d'usitées, de connuës & de plus sûres ; l'Ecusson & la Fente.

L'Ecusson est une fort bonne invention , & se peut faire en decours de la Lune de Juin & en decours de la Lune de Juillet : ce que vous ferez greffer en cette saison poussera avec plus de force que dans l'autre. Je me suis laissé dire que ceux qui bûvoient avec excés n'étoient pas propres pour greffer en Ecusson , parce que l'haleine est nuisible & contraire à ces sortes de Greffes.

La maniere de Greffer en Ecusson est fort aisée : on fend entre deux nœuds l'écorce de l'Arbre qu'on veut greffer en maniere d'un T , & l'on insere dedans la Greffe portant bon fruit, puis on relie avec de la laine ou filasse ladite Greffe, peur qu'elle ne tombe, & pour la tenir en état.

Les Greffes doivent être prises sur les jets de l'année, & greffées sur les jets de deux ans.

La maniere de greffer en fente ou poupée est encore plus aisée; on abat la tête de l'Arbre qu'on veut greffer , on fend en deux l'extremité du tronc de l'Arbre avec une serpe , puis l'on insere dedans trois sions au plus de l'Arbre portant fruit ; on mettra à l'entour de la terre détrempée avec de la filasse pour tenir la Greffe fraîche, pour empêcher que le Soleil ne la brûle & que la pluie n'entre dans la moëlle de l'Arbre.

On ne peut bien exprimer comment l'on greffe, il seroit bon & à propos de voir quelqu'un qui sçût greffer pour faire de même.

Les Greffes en poupées se font en Mars : on pourra lire sur cette matiere la nouvelle Maison rustique, qui en traite assez amplement, & qui en a donné des Figures.

CHAPITRE IX.

Description d'une bonne Serre.

LE Bâtiment que nous appellons Serre pour y serrer tou-les Plantes, Arbres & Arbustes craignants

craignants l'Hyver , doit avoir
plufieurs conditions. Pour commencer par celle qui regarde fa
fituation ; elle doit être expofée
le plus qu'on peut au midy , de
forte que le Soleil la regarde &
la frappe de fes rayons depuis
neuf à dix heures du matin jufqu'à ce qu'il foit prés de fe cou-
cher. L'expofition du Levant qui
donne le Soleil depuis fon lever
jufqu'à deux ou trois heures
aprés midy, n'eft guere moins
favorable. On peut fe paffer de
celle du Couchant faute d'autre,
ayant encore le Soleil affez con-
fiderablement , fçavoir depuis
midy jufqu'au foir ; mais pour
Celle du Nord , autant prefque
vaudroit-il n'avoir point de Serre, que d'être reduit à fe con-
tenter d'une qui s'y trouvât expofée, puifqu'elle ne joüit que
tres-peu du Soleil. Il eft plûtôt

à souhaiter qu'outre le rempart
d'un bon mur qu'on opposera de
ce côté, on la puisse adosser à
quelqu'autre bâtiment, à une
montagne seche, ou à quelque
bois de haute-fûtaye, qui la
mette d'autant plus à l'abry des
incommoditez qui lui peuvent
venir de là.

L'exposition étant choisie, il
faut commencer par de bons
fondements; il est à propos qu'ils
soient de trois pieds de profondeur, si l'on peut, à cause qu'il
est plus facile quand les Arbres
croissent & s'élevent, de tirer un
ou deux pieds de terre de la Serre pour l'abaisser, qu'il ne seroit
d'élever tout le bâtiment : ce
sera encore mieux si on donne
d'abord à la Serre une hauteur
assez considerable, comme de
quinze à vingt pieds ; car il est
à craindre que la Serre ne serve

d'égout aux eaux de dehors, &
n'attire par ce moyen une humidité qui peut être fort nuifible.

Quant aux murs, voici quelle en
doit être la conftruction. Il faut
une bonne muraille du côté du
Nord, fans aucune ouverture;
elle peut être de moilon & de
mortier à chaux & à fable, ou
bien de plâtre, fi ces materiaux
font communs. Ailleurs où l'on
en a pas commodément, on peut
faire une muraille de bauge,
c'eft-à-dire, de terre détrempée
& mêlée de foin & de chaume
pour lui donner plus de confif-
tance; ou bien une double cloi-
fon de bois, dont on remplit
l'entre-deux de terre ou de fable.

L'épaiffeur de ce mur, de quoi
qu'il foit, doit être du moins de
trois piéds; les deux pignons
doivent être de même.

Le côté exposé au Soleil veut
être le plus ouvert qu'il se peut;
il seroit bon que les fenêtres &
les portes qui l'occuperont entierement ne fussent separées que
par des piliers , soit de bois ou
de pierre , afin qu'en les ouvrant
les Plantes se trouvassent comme
en plein air , & fussent vûës du
Soleil.

Les fenêtres peuvent avoir quatre , cinq & six pieds de large , &
la hauteur de toute la Serre , à
la reserve de l'appuy , qui pour
l'ordinaire est de trois pieds ou
de trois pieds & demy ; la porte
doit avoir la même hauteur , &
une largeur suffisante pour le pas-
sage des Arbres.

La menuiserie en doit être si
juste , aussi-bien que celle des fenêtres , qu'elle ne laisse pas le
moindre jour. Comme il est mal-
aisé d'avoir des ais aussi longs ,

on peut faire une porte brisée, dont le haut n'ouvre que pour entrer & fortir les Arbres, ou qui fe démonte de quelqu'autre ma-niere.

Il feroit fort utile que les portes fuffent doubles & à deux battans, en forte que l'une s'ouvrît en de-hors & l'autre en dedans, pour abatre la premiere fur foi quand on veut aller faire la vifite dans la Serre fans que le froid s'y in-finuë. On peut encore remplir l'entre-deux de ces portes de foin bien preffé, & ajoûter mê-me au dehors du fumier de che-val bien chaud fi l'Hyver eft extraordinairement rude.

Les chaffis doivent être auffi doubles, l'un en dedans de papier feulement, mais qu'il en foit col-lé aux deux côtez de chaque quarré; & en dehors un autre de verre, fi l'on en veut faire la dépense ; ou bien de papier que l'on huilera comme l'autre, tant pour l'éclaircir que pour le rendre plus chaud, & le faire mieux resister à la pluye ; outre cela on pourra mettre encore en dehors des contrevents de bois.

La Serre doit être bâtie au commencement de l'Esté, pour avoir bien le tems de se secher, autrement elle est fort susceptible de gelée. Le plancher d'en-haut doit être couvert de foin ou de paille, s'il ne sert à quelque logement habité, ou à quelque galerie, & s'il n'est ceintré fort materiellement. Il est mieux que le plancher d'en-bas soit de bois que de plâtre & salpêtre battu, à moins que l'on ne voulût faire servir la Serre à quelqu'autre chose pendant l'Esté.

Quant à la longueur & à la largeur de la Serre, chacun peut

la regler suivant ses facultez: une Serre de quatre toises de large, & d'une longueur proportionnée peut assez bien s'accommoder à la portée de toutes sortes de curieux un peu distinguez, & doit passer pour fort belle.

Le conseil qu'on peut donner est de faire toûjours ce Bâtiment de trois ou quatre toises plus grand qu'on ne se proposoit, parce que l'amour pour la culture des Plantes augmentant insensiblement, il se trouveroit en peu de tems trop petit.

Quelque necessaire que soit une Serre aussi-bien conditionnée que celle que je viens de décrire, peu de gens veulent ou peuvent faire la dépense d'une telle entreprise ; il est plus ordinaire de voir convertir à cet usage des lieux qui ont servi de Salle, d'Ecurie, de Cellier, & quelquefois de Cave, ce qui eſt le pire de tous, parce que les lieux bas & creux comme ces derniers, ne peuvent être que fort humides, & ne ſont jamais échauffez des rayons du Soleil ; pour les autres, avec un peu de réparations, ils peuvent paſſer & ſuffire.

Aprés avoir parlé des Plantes en general, venons maintenant au particulier.

Fin du premier Livre.

LE
JARDINIER
BOTANISTE.
LIVRE SECOND.

Des Plantes en particulier
par ordre Alphabetique.

A

Abies, *Sapin* : *Arbre.*

E Sapin vient de se-
mences en Mars, en
bonne terre & à l'om-
bre, pour être replan-
té deux ans aprés qu'il sera levé
de terre en pepiniere : on ne le
taille que deux fois l'an, & cela
en Juin & Aoust.

C

Les Refines les plus odorantes font celles de Sapin & du Terebinthe ; mais celle du Sapin eft plus chaude que l'autre. La décoction de fes feüilles guerit les maladies des reins ; elle eft bonne pour la Gravelle & pour la Pierre : elle appaife auffi la Goutte.

Abrotanum , *Auronne : Plante medecinale de bonne odeur.*

Cette Plante vient mieux d'être plantée de fa racine ou jettons, que d'être femée. On la feme au Printems dans une terre bien preparée. Cette herbe fe perd par l'extremité des froids & des chaleurs ; à caufe de cette delicateffe on lui choifira un lieu temperé.

Si l'on frotte dans les Fiévres intermitentes le malade de l'herbe & de la fleur détrempez en

huile, les Frissons ne seront pas si
grands. Le poids d'un écu de sa
semence pilée avec quelques-unes
de ses feüilles dans du vin blanc,
en y ajoûtant une vieille Noix,
le tout passé & bû, est un bon
Remede contre la Peste, & contre toutes sortes de poison. Elle
est bonne pour faire mourir les
vers des petits enfans.

Absinthium, *Absinthe : Herbe me-*
decinale d'une odeur tres-forte.

Vient de semence & de plant
enraciné ; on la leve ordinairement au mois d'Octobre, pour
en ôter le peuple, & pour le replanter aussi-tôt en bonne terre
& en belle exposition ; on la seme
en Octobre, Fevrier & Mars.
Les feüilles de cette plante sont
astringentes, acres & ameres ; on
en fait un vin qui est excellent
pour fortifier l'estomach. Les

fleurs d'Abſinthe miſes en décoction avec la racine de Chiendant, ſont bonnes pour la jauniſſe.

L'Abſinthe eſt un contre-poi-
ſon pour ceux qui ont mangé
de mauvais Champignons, ou
avalé quelque venin.

Abutilon. *

Veut un lieu chaud & une terre
graſſe ; ſe ſeme ſur couche en
Mars pour être replanté en belle
expoſition quinze jours aprés
qu'il ſera levé.

La Plante eſt annuelle.

On ne connoît pas les vertus
de cette Plante.

Accacia , * *Arbre.*

L'eſpece d'Acacia la plus commune vient fort aiſément, & ſans
beaucoup de ſoin ; on le multiplie de ſemences & de jettons,

en Octobre, en terre moyenne ;
on ne les releve ordinairement
que trois ans aprés qu'ils font
levez pour les planter en pepiniere. L'Accacia qui vient d'Egy-
pte demande plus de culture, &
eft plus difficile à élever. On le
femera fur couche chaude en
Mars, on le replantera huit jours
aprés qu'il fera levé en bonne
terre & en belle expofition ; on
le prefervera des gelées. Il ne
fleurit guere en ces païs ; nous ne
l'aurions pas fi on ne nous en
avoit envoyé des graines.

Son jus eft bon pour le Feu
fauvage & pour le mal des yeux.
Voyez Diofcoride. La décoction
de l'arbre rejoint les jointures
émuës.

Acanthus , *Branche-urfine : Plante
medecinale.*

Vient en toute terre fans beaucoup de culture, se multiplie de semences en Mars & de plant enraciné en Octobre ; on aura soin de lever de terre cette Plante tous les ans, pour en ôter le peuple qui est capable de perdre un Jardin.

Les parties de cette Plante font fort subtiles, les feüilles aident à faire digestion. La racine de cette Plante desseche beaucoup. Voyez *Galenus lib. 6. simpl. medic.*

Acer, *Erable : Arbre.*

Se plaît fort dans les bois & lieux incultes : on peut en faire des Palissades en le tenant de court. Il se multiplie de jettons levez depuis le mois de Novembre jusques en Avril. On ne connoît point les vertus de cet Arbre.

Acetofa, *Ozeille* : *Herbe potagere.*

Se feme en Mars en terre bien preparée & bien fumée : on la peut femer auffi en Avril, May, Juin, Juillet, Aouft, & même au commencement de Septembre, pourvû que le froid ne furvienne pas avant qu'elle foit affez fortifiée ; on la feme fort dru en plain champ, ou par rayons dans une planche, ou en bordures. On aura foin de la tenir bien nette des méchantes herbes ; on l'arrofera beaucoup en Efté. Aprés qu'on l'aura coupée, il faut la couvrir d'un peu de terreau.

Outre que cette Plante eft bonne en Potage, elle a bien de bonnes vertus.

Les racines & les feüilles de cette plante foulagent beaucoup les Scorbutiques.

Les feüilles pilées ou cuites

sous la braise avancent la suppuration des tumeurs, de même que le levain.

Voyez l'Histoire des Plantes des environs de Paris de Monsieur Tournefort.

Aconitum, *Aconit : belle Fleur.*

Veut une terre grasse & bien cultivée, vient en toute exposition, se multiplient de semence & de plant enraciné.

De toutes les especes d'Aconit, il n'y a que l'*Uva Vulpina*, ou *Herba Paris*, qui puisse soulager & faire du bien, les autres étant des poisons tres-violens. *L'Herba Paris* est le contre-poison de tous les autres ; on prendra vingt jours durant une dragme de sa semence.

Adhatoda, * *bel Arbrisseau.*

Cet Arbrisseau vient fort vîte,

& eſt auſſi prompt à perir : il ſe
plaiſt en bonne terre, & en belle
expoſition. On aura ſoin de le
mettre l'Hyver en Serre : on le
multiplie de Boutures.

On ne connoiſt point les vertus de cet Arbriſſeau.

Adiantum, * *eſpece de Capillaire:*
Plante médecinale.

Toutes les eſpeces de Capillaire ſe plaiſent dans les lieux pierreux & humides.

Cette Plante eſt une de celles
qui entrent dans la confection
du Sirop de Capillaire que l'on
donne aux febricitans & à ceux
qui touſſent ; il eſt auſſi tres-bon
pour fortifier l'eſtomach.

Agaricus, *Agaric : Plante naturelle.*

Cette Plante naît ordinairement ſur le tronc des Arbres.

Hiſtore des Plantes des envi-

34 A. *Le Jardinier*

rons de Paris , page 378.

On ne connoît point les vertus de cette Plante.

Agnus Castus , * *Arbriſſeau.*

Se plaît en terre bien cultivée & à l'ombre ; ſe marcote en Mars pour être replanté l'année d'après.

Ses feüilles & ſa ſemence provoquent le flux aux femmes ; on s'en ſert pour reſoudre toutes duretez. La decoction de ſes feüilles ſert à la Chaude-piſſe, autant en breuvage qu'en fomentation : le parfum de ſa ſemence éteint la cupidité des choſes Veneriénes.

Agrimonia , *Aigremoine : Plante médecinale.*

Vient dans les lieux pierreux, ſecs & incultes, ſans culture ; ſe multiplie de ſemences & de plant enraciné.

On employe l'Aigremoine dans les ptisanes, dans les décoctions, dans les boüillons, & dans les potions aperitives, rafraîchissantes & vulneraires ; elle est propre à resoudre les tumeurs des bourses & des autres parties où il y a de l'inflammation. Elle est utile pour le crachement de sang. Voyez Monsieur Tournefort dans son Histoire des Plantes des environs de Paris, p. 48.

Alternus, *Alaterne: Arbrisseau.*

Veut être planté en terre bien cultivée, bonne d'elle-même, & en belle exposition ; se multiplie de Marcottes & de Jettons enracinez.

On ne se sert point de cet Arbrisseau en médecine.

Alcea, *Alcée: Plante médecinale.*

Se plaît dans les Prairies &

lieux gras, ne demande pas culture ; se multiplie de plant enraciné & de semences.

La racine bûë dans du vin, guerit les Dysenteries & la Colique.

Alchimilla , *Pied-de-lion : Plante médecinale.*

Veut une terre grasse & humide, plus argilleuse que sabloneuse ; au défaut de plant enraciné on la seme au mois de Mars & d'Avril à l'ombre.

Les racines & les feüilles sont astringentes & dessechent beaucoup ; on en use pour les Playes internes en potion. Voyez Mathiole.

Alga, * *Plante aquatique.*

Cette Plante naît dans la Marne, & ne se cultive point dans les Jardins.

Voyez l'Histoire des Plantes des environs de Paris, page 314.

On ne connoît point les vertus de cette Plante.

Alkexengi, *Coqueret : Plante médecinale.*

Veut être plantée en bonne terre bien cultivée ; on l'arrosera souvent. On la multiplie de semence & de plant enraciné.

La petite cerise qui est entourée de folicules est bonne pour provoquer l'urine retenuë , & pour en adoucir l'ardeur.

Allium , *Ail.*

Veut une terre grasse & bien cultivée , se replante & se multiplie de ses Cayeux en Mars, se releve en Septembre.

Les Aux desopilent les obstructions, à ce que dit Galien dans son Livre 2. Il n'y a meilleur re-

mede contre les morſûres venimeuſes. Voyez Dioſcoride Livre
2. Chapitre 146.

Alnus, *Aune* : *Arbre.*

Se plaît & veut être planté le
long des eaux, ou en terroir gras
& à l'ombre ; ſe multiplie de Jettons en Septembre & Octobre.

Tragus & Dodonée ſe ſont
ſervis des feüilles de cet Arbre ,
pour adoucir & pour reſoudre
les Tumeurs : on peut s'en ſervir
pour l'Hydropiſie. Voyez l'Hiſtoire des Plantes des environs
de Paris , page 243.

Aloë, *Aloës.*

Toutes les eſpeces d'Aloës que
nous connoiſſons ſe cultivent de
la même maniere : on les plantera en bonne terre , & on les
expoſera le plus que l'on pourra à la chaleur. Ils ſe multiplient

d'œilletons & de femences ; on les ferrera pendant l'Hyver en un lieu fec, & on ne les arrofe- ra point tant qu'il fera froid.

De toutes les efpeces d'Aloës il n'y a que le Sucotrin qui ait des vertus, & duquel on fe fert en Médecine. Mathiole fur Diofcoride *lib.* 3. *cap.* 2. affure que l'on cultive plûtôt l'Aloës pour la vûë que pour fon ufage en Médecine. L'Aloës cuit dans du fel lâche le ventre & fert beaucoup à ceux qui ont peine à uriner, fortifie l'eftomach. Voyez Clufius dans fon Livre premier, où il traite *De Aromatum Hiftoria.* Le fuc de cette Plante eft tres-amer.

Alfinaftrum *.

Se plaît & fe trouve autour des mares & lieux aquatiques ; fe multiplie de plant enraciné & de femences.

On ne connoît point ses vertus en Médecine.

Alsine, *Morgeline : Plante medecinale.*

Vient sans soin & sans culture plus qu'on ne veut, en quelque endroit que se soit.

Elle sert pour les inflammations & pour le feu sauvage.

Althea, *Guimauve : Plante medecinale.*

Vient en toute terre, sans culture : se multiplie de semences en Mars.

On employe la racine de Guimauve dans les ptisanes adoucissantes ; ces ptisanes sont d'un grand secours dans la Toux violente.

Les cataplasmes preparez avec la racine de cette Plante, celles de Lys, d'Oignons & avec les

quatre

quatre farines, sont tres-propres
pour faire suppurer les Tumeurs,
sur tout quand on y mêle l'esprit
de vin.

Voyez Monsieur Tournefort.

Alissoides *.

Il y a plusieurs especes de cette
Plante, toutes tres-rares & tres-
curieuses: on aura soin de les mettre au chaud, de les planter en
bonne terre, de les semer sur
couches, & de les garentir de
l'Hyver.

Les vertus de cette Plante ne
sont point connuës en Médecine.

Alisson *.

Se seme en Mars sur couche
& sous cloches, pour être replantée en bonne terre & en belle
exposition quinze jours aprés
qu'elle sera levée.

On n'en connoît point les
vertus.

Amaranthus, *Amaranthe : Fleur.*

Se seme en Mars & Avril sur couche, pour être replantée en bonne terre & en belle expofion quand elle aura acquife un demy pied de haut.

La Plante eft annuelle.

La fleur prife en breuvage foulage ceux qui font tourmentez du mal de ventre & du flux de fang, arrête les Mois & Fleurs des femmes.

Ammi, * *Plante médecinale.*

Se feme en Mars en bonne terre & en belle expofition.

La fleur de cette Plante prife en vin, aide à faire digeftion, & provoque l'urine ; les parties de cette Plante font tres-fubtiles.

Amygdalus, *Amandier : Arbre fruitier.*

Veut être planté en lieux chauds pour porter de bonnes Amandes: s'il est en terre humide le fruit n'en vaudra jamais rien. On le seme en Janvier & le replante en Octobre.

Le fruit de l'Amandier échauffe beaucoup, arrête le mal de tête, & fait dormir.

La Gomme de l'Amandier arrête les crachemens de sang. On se sert tous les jours de ce fruit pour les Tourtes, Massepains, Lait d'Amandes, & autres choses.

Anacampseros, *Orpin : Plante médecinale.*

Veut être plantée en terre grasse, bien cultivée & à l'ombre; se multiplie de semences & de plant enraciné : on aura foin de le relever tous les trois ans, pour en ôter le peuple.

Cette plante eft deterfive, aftringente & vulneraire : appliquée exterieurement, elle avance la fuppuration des Tumeurs. Monfieur Tournefort dans fon Hiftoire des Plantes des environs de Paris, page 387.

Anagallis, *Mouron : Plante médecinale fort commune.*

Pour fa Culture, voyez *Alfine, Morgeline,* ci-devant page 40. Le fuc du Mouron pris par le nez purge doucement ; on fait boüillir dans un verre de vin du Mouron, & l'on donne ce breuvage aux peftiferez. La feüille du Mouron écrafée & mife en cataplafme fur une morfure de bête venimeufe, eft un fouverain remede ; chacun fçait que l'on

donne la graine de Mouron à
manger aux petits oiseaux, comme aux Serins, Chardonets,
Linottes & plusieurs autres.

Anagiris, *Bois puant: Arbrisseau.*

Ce petit Arbrisseau venant
d'Amerique, demande beaucoup
de chaleur; on le plante en bonne terre, & on l'expose le plus
que l'on peut à la chaleur: il se
multiplie de Marcottes & de semences. La semence doit être semée sur couche & sous cloche;
on aura soin de le serrer l'Hyver.
La semence de cet Arbrisseau
provoque le vomissement.

Ananas, * *Plante tres-curieuse.*

Je ne crois pas que cette Plante soit en France; je l'ai vûë au
Jardin Royal en fruit, & par
consequent vivante; elle est
morte faute de soin & de chaleur.

Le Fruit de cette Plante est un excellent manger.

Anchufa , *Orcanette* : *Plante médecinale.*

Veut être plantée en terroir gras & bien expofé , fe multiplie de femences & de plant enraciné.

La racine de cette Plante est froide, feche , aftringente , nettoye les humeurs bilieufes.

Androfæmum, *Toute-faine* : *Plante médecinale.*

Se plante en terre graffe bien cultivée & à l'ombre ; fe multiplie de jettons & de femences.

Sa femence purge : les feüilles deffechées cuites dans du gros vin , gueriffent les brûlures.

Anemone , *Anemone* : *Fleur.*

Il y a de deux efpeces d'Ane-

mones , de doubles & de fimples ; les doubles fe divifent encore par les Curieux , qui leur
ont donné differents noms pour
les diftinguer , ce que je n'ap-
prouve point ; elles fe cultivent
de la même maniere , exceptez
que les doubles font plus ten-
dres à la gelée que les fimples ;
on les plantera au mois d'Octobre en terre bien paffée , bien
labourée , & bien criblée , à
cinq doigts de diftance les
unes des autres. On aura foin
de faire de bons Paillaffons pour
les garentir des gelées. Le tems
de les lever de terre eft depuis
la S. Jean jufqu'à la fin d'Aouft,
lorfque les feüilles font deffechées par les chaleurs de l'Efté,
& que la fleur en eft entierement
paffée : ayant tiré vos Oignons
de terre , frotez-les les uns aprés
les autres pour en ôter l'ordure.

Etant secs, mettez-les à part pour les garder , & serrez-les dans un lieu sec. Les doubles ne portent point de graines : on seme des simples pour en avoir de doubles. Les plus violettes & les toutes rouges sont les meilleures à semer ; on les semera à l'ombre en terre bien préparée, au mois de Septembre; elles sont dix-huit jours sans lever de terre. Quand elles seront levées on les exposera peu à peu au Soleil , afin de les y accoûtumer.

L'espece qui vient dans les bois ne demande culture, venant fort aisément en toute terre & en toute exposition; elle se multiplie de plant enraciné.

On ne connoît point les vertus des Anemones : quelques-uns disent qu'elles n'ettoyent, attirent & débouchent. On dit que la racine de la commune mâchée,

mâchée , tire la pituite.

Anethum , *Aneth : Plante médecinale.*

Vient mieux de femence que de plant , demande un endroit tiede & peu fujet aux froids , veut être fouvent arrofé.

La racine de cette Plante eft diuretique & provoque l'urine.

Angelica , *Angelique : Plante médecinale.*

Veut être plantée en terre graf- fe & en belle expofition ; on la multiplie de femences & de plant enraciné. On aura foin de la lever de terre en Octobre pour en ôter le peuple qui trace beau- coup , & qui en empliroit un Jardin.

Sa racine eft fouveraine contre la Pefte & toute forte de poifon ; elle aide beaucoup à faire di-

E

50   A. *Le Jardinier*

geſtion , appaiſe les douleurs de
dents appliquée en cataplaſme ,
güerit les morſures des bêtes venimeuſes.

Anguria *.

Cette eſpece de Plante d'Amerique demande beaucoup de chaleur pour porter ſon fruit, veut
être ſemée ſur couche bien
chaude & ſous cloches , s'entretient & ſe cultive comme les Melons. La Plante eſt annuelle.

Quelques-uns diſent que les
ſemences de cette Plante rafraîchiſſent comme les ſemences
froides , & que l'on pourroit les
y mêler.

Aniſum , *Anis : Plante médecinale.*

Pour ſa culture, voyez *Anethum*,
ci-devant page 49.

Sa ſemence mangée eſt tres-bonne à ceux qui ſont ſujets aux tran-

chées de l'eſtomach & des inteſ-
tins; elle eſt bonne aux Nourrices
pour leur faire avoir quantité de
lait, & pour chaſſer les vents.

Anonis, *Arreſte-bœuf: petit*
Arbriſſeau.

Vient & croît en toute terre,
ſoit cultivée, labourée, ſeche, a-
ride, moite ou non ; ſe multiplie
de jettons.

Cette Plante eſt aperitive &
diuretique: on ordonne ſes racines dans les ptiſannes, dans les
boüillons: & dans les apozemes;
toutes ſes preparations ſont excellentes pour la jauniſſe, pour
la ſuppreſſion des mois, & pour
les hemorroïdes enflâmées ; on
fait boire dans un verre de vin
blanc deux gros de racine de
l'Arreſte-bœuf pour la Colique
nefretique. La décoction de toute la Plante eſt fort deterſive.

Voyez l'Hyſtoire des Plantes des environs de Paris, page 54.

Anthirrinum , *Mufle de veau: Fleur.*

Cette Plante eſt tres-propre à garnir un Parterre, ne demande pas grande culture, vient mieux au Soleil qu'à l'ombre, ſe multiplie de ſemences & de plant enraciné.

On ne connoît point ſes vertus médecinales.

Aparine , *Gratteron : Plante médecinale.*

Je ne conſeille à perſonne de ſe charger de cette Plante qui eſt la perte des Jardins, venant plus que l'on ne veut & ſe trouvant par tout ; on ſe ſert de l'eau diſtillée de cette Plante pour les maux de poitrine , & pour les vapeurs ; quelques-uns la font boire dans la Pleurefie.

Aphaca, * *Plante médecinale.*

Eft auffi commune que l'*Aparine* Gratteron. Les feüilles de cette Plante pilées & bûës refferrent le ventre, engendrent une humeur melancolique.

Apios, * *Plante fort jolie.*

Quoi que cette Plante vienne d'un Païs tres-chaud, elle ne craint cependant pas les froids; elle fe multiplie de fes racines: on aura foin de la mettre dans un Pot, parce qu'elle trace beaucoup. On la plantera en terre graffe bien cultivée, & en belle expofition; on aura foin de la mettre au pied de quelque muraille, parce qu'elle grimpe beaucoup.

On ne connoît point fes vertus.

E iij

Apium , *Persil : Herbe potagere.*

On le semera au Printems , fort dru & en bonne terre ; on coupe ses feüilles quand on en a besoin, sans que la Plante en soit endommagée , parce qu'elle en repousse de nouvelles ; veut être souvent arrosé pendant les grandes chaleurs ; on en recueille la graine au mois d'Aoust & Septembre , & on la laissera bien secher avant de l'enfermer.

Cataplasme fait de feüilles de Persil avec de la mie de pain, guerit les Dartres, resout les tumeurs des Mammelles , & fait perdre le lait aux femmes.

La décoction des racines ou feüilles de persil sert à provoquer les mois des femmes , & à faire uriner.

Apocinum , *Apocin : Plante médecinale.*

Veut une terre grasse & bien amandée , vient de plant enraciné & de semence ; je conseille à ceux qui en éleveront de les mettre dans un grand Pot , parce qu'ils tracent beaucoup , & que l'on ne peut s'en défaire quand on veut.

La Plante est un poison pour les chiens , & tres-chaude d'elle-même.

Aquifolium , *Houx : Arbre.*

Cet Arbre étant taillé est tres-propre pour orner un Parterre , vient en toute terre : quand on l'a une fois planté en un lieu , on ne le replante guere ; les semences font un an dans terre sans lever ; il se multiplie aussi de jettons , vient en toute terre & en toute expo-sition.

E iiij

Les feüilles & la racine de cet Arbre sont astringentes, aident à faire digestion , & sont bonnes au flux de ventre. La vertu du Fruit est fort incisive.

Aquilegia , *Ancholie : Fleur.*

Cette Fleur est fort belle dans un Parterre. Elle se multiplie de semences & de plant enraciné en bonne terre & en belle exposition.

L'Ancholie est aperitive, diuretique & sudorifique ; Tragus assûre qu'un gros de la poudre de sa racine pris dans du vin, appaise la Colique. Voyez Monsieur Tournefort, page 393.

Arbutus, *Arbousier : Arbre.*

Veut être planté en bonne terre & en belle exposition ; se mulitiplie de Marcottes & de Jettons. On peut le faire venir de semences.

L'Arbousier est astringent, comme est aussi son Fruit, lequel nuit à l'estomach, & fait douleur de côté quand on l'a mangé.

Argemone *.

Cette Plante demande soin & culture, veut être semée sur couche, pour être replantée en bonne terre & en belle exposition.

La Plante est annuelle.

On ne connoît point ses vertus en Médecine.

Argentina, *Argentine* : *Plante médecinale.*

Veut être plantée & se plaît le long des eaux, se multiplie de plant en raciné.

Elle guerit les Ulceres & Playes malignes, arrête le Flux de sang prise en breuvage. Elle adoucit l'inflammation des reins & de la vessie ; elle tempere l'ardeur d'uriner. Son eau diſtillée guerit les rougeurs de viſage.

Ariſarum, * *Plante médecinale.*

Veut être planté en lieu & terrain humide, ſe multiplie de plant enraciné.

La racine de cette Plante contient beaucoup de chaleur & d'a-creté.

Ariſtolochia, *Ariſtoloche : Plante médecinale.*

Vient en toute terre plus que l'on ne veut, ſans ſoin & ſans culture, ſe multiplie de plant enraciné : on aura ſoin de la lever de terre tous les ans pour en ôter le peuple qui trace beaucoup dans terre.

Les racines d'Ariſtoloche provoquent les mois des femmes, purgent les poulmons, font cracher, gueriſſent la toux, & provoquent l'urine si on en boit. La ronde mise en poudre avec Poivre & Myrthe , pousse toutes les superfluitez amassées en la matrice.

Armeniaca , *Abricotier : Arbre Fruitier.*

Veut être planté en terre legere , sabloneuse & en belle exposition. On le greffe sur le Prunier, ou sur le Noyau d'Abricot : on le greffe quelquefois sur l'Amandier.

La Confiture tant liquide que seche en est admirable. L'on fait aussi du sirop d'Abricot , lequel battu dans de l'eau est rafraîchissant & excellent à boire : on ne fera point excés de l'Abricot, parce qu'il est tres - dangereux pour la santé.

Artemisia , *Armoise : Plante*
médecinale.

Soit plantée ou semée, demande un lieu sec & pierreux , ne
demande pas grande culture.

Les feüilles & les fleurs d'Armoise prises comme le Thé sont
excellentes pour les vapeurs.
L'eau d'Armoise mêlée avec de
l'esprit de vin & de l'eau de fray
de Grenoüille , prendre du tout
une égale quantité , seche & guerit toutes sortes de Dartes.

Arum , *Pied de-veau : Herbe*
médecinale.

Pour sa culture & ses vertus ,
voyez *Arisarum* , ci-devant p. 58.

Arundo , *Roseau.*

La plûpart des Roseaux se
plaisent & se trouvent dans les
lieux aquatiques & marécageux.

L'espece qu'on nomme *Arundo Theophrasti* demande culture, aussi-bien que les autres especes qui viennent des Païs étrangers. On les plantera en terre grasse, & en belle exposition ; ils se multiplient de plant enraciné : on aura soin de les arroser souvent pendant l'Esté, & de les couvrir pendant les grands froids.

On ne connoît point les vertus des Roseaux.

Asarum , *Cabaret* : *Plante medecinale.*

Veut être plantée en terre grasse, humide & à l'ombre ; se multiplie de plant enraciné.

Les racines de Cabaret purgent par haut & par bas, sans que les malades en soient fatiguez : on leur fait boire un verre de vin, dans lequel on fait infuser pendant la nuit demi-once de raci-

ne de la Plante : cette prépara-
tion est bonne dans l'Hydropisie,
dans la Goutte, & sur tout dans
la Dysenterie & Cours de ventre.
Voyez Monsieur Tournefort,
page 319.

Asclepias, *Dompte-venin : Plante*
médecinale.

La plûpart des *Asclepias* veulent être plantez en terre grasse,
& viennent sans beaucoup de
culture ; nous en avons une espece, qui demande plus de soin,
que l'on démontre au Jardin
Royal sous le nom d'*Asclepias*,
Affricana, Aizooides ; cette Plante est tres-rare, tres-curieuse &
tres-delicate ; le moindre froid
la fane & la fait perir : comme
cette Plante est spongieuse, il la
faut peu arroser, si ce n'est dans
la grande chaleur de l'Esté ; dans
l'Hyver point du tout, de peur

de la pouriture : on peut un peu plonger le cul du Pot environ à la hauteur de deux doigts, & l'y laisser peu de tems : on la perpetuë de Boutures dans le tems, vers Avril & May : on laisse faner un peu les boutures que l'on veut faire, afin de perdre de cette trop grande humeur qui l'empêcheroit de venir. Elle veut un grand Soleil, & même une cloche de verre dessus, sous laquelle il y ait peu d'air pour ne pas brûler la Plante. Quand les nuits commencent à être froides, on met la cloche à plat de terre jusqu'au lende-main. Cette Plante commence à fleurir vers le mois de Sep-tembre, & pour la faire fleurir plûtôt, on aura soin de la tenir chaudement pendant l'Hyver : ce qui se dit de celle-ci, soit dit & fait pour toutes les Plantes grasses & spongieuses.

On ne connoît point les vertus de ce dernier; il n'y a que le commun qui serve pour la suppression des mois: il faut jetter une once de racine de Dompte-venin dans une chopine d'eau boüillante, passer l'infusion, en faire boire trois verrées par jour avec du sirop d'Armoise; l'herbe appliquée en cataplasme resout les tumeurs des Mammelles. Voyez Monsieur Tournefort, page 56.

Asparagus, *Asperge* : *Legume.*

Les Asperges croissent en terre grasse, bien nettoyée & bien labourée; on les seme au Printems. Il vaut mieux planter les racines, vû que la semence est trois ans sans rapporter. On fait des fosses aux environs de Paris, pour les élever & garantir des mauvais vents: Ceux qui auront

un endroit bien exposé peuvent
les élever sans faire des fosses. On
aura soin de les fumer & nettoyer
en Automne.

L'Asperge ouvre les obstructions des reins & fait uriner,
mises en decoction dissout la
pierre ; elle rend l'urine puante.

Asphodelus, *Asphodele* : *Plante
assez belle.*

Il y beaucoup d'especes d'Asphodele, tous tres-beaux, & propres dans un Parterre ; il faut
avoir soin de les lever tous les
deux ans de terre, & cela en Automne quand la fleur en est passée, pour en ôter le peuple,
que l'on replantera aussi-tôt. On
les plante en bonne terre & en
belle exposition. L'espece qui est
appellé *Asphodelus Aloës Folio*
demande plus de soin, le moindre froid la fane & la fait perir,

elle se multiplie de semence &
de plant enraciné en bonne terre
& en belle exposition. La Plante est tres-spongieuse & grasse.

La racine d'*Asphodelus* contient beaucoup de chaleur. On
ne s'en sert guere en Médecine.

Asplenium, *Ceterac* : *Plante*
médecinale.

Se plaît & se trouve dans les
lieux pierreux & humides.

Les feüilles de la Plante entrent
dans la confection du sirop de
Capillaire : on se sert du Ceterac
comme du Thé, c'est un aperi-
tif & un diuretique moderé :
on s'en sert dans la jaunisse &
dans les maladies où il y a des
obstructions dans les visceres ; on
fait boire pour cela l'eau où
cette Plante a maceré à froid.
Monsieur Tournefort, page 395.

After, * *Assez belle Fleur.*

Toutes les especes d'After sont propres dans un Parterre, garnissent beaucoup le lieu où ils sont, & ne tracent que trop ; ils viennent en toute terre, veulent une belle exposition, se multiplient de plant enraciné. Les Fleuristes connoissent cette Fleur sous le nom d'Espargoutte ou *Oculus Christi.*

On ne se sert guere de cette Plante en Medecine.

Asteriscus, *Asterisque.*

Comme l'After ci-dessus.

Astragalus, *Astragale: belle Plante.*

Toutes les especes d'Astragale sont belles & bonnes à avoir ; elles demandent soin & culture : on les plantera en bonne terre & en belle exposition ; elles se multiplient de femences & de plant enraciné, on les feme fur couche & fous cloches ; les efpeces qui viennent des Païs étrangers craignent l'Hyver.

On ne fe fert point de cette Plante en Médecine.

Atriplex, *Arroche : Herbe médecinale & potagere.*

Vient plus que l'on ne veut quand elle aura été une fois femée.

Les Arroches font tres-rafraîchiffantes, & aident à faire digeftion.

Avena, *Avoine : Grain.*

L'Avoine fe feme en Mars en bonne terre, bien labourée & hercée.

Un chacun fçait que l'on donne ce Grain à manger aux chevaux.

Aurantium , *Oranger : Arbre portant Fruit.*

On n'éleve guere d'Orangers en France, on nous les apporte tous les ans de Provence tout élevez ; ceux qui en acheteront prendront garde qu'ils n'ayent été trempez dans la mer , ce qui les empêcheroit de venir ; pour ce on mordra les racines de l'Arbre, ſi elles ſont ſalées, c'eſt une marque qu'elles y ont été trempées : on les plantera dans de grands Pots la premiere année, dans la terre que j'ai dé-crite au commencement de ce Livre : on les enterrera ſur cou-che la premiere année, afin de leurs aider à reprendre racines : on mettra de la cire deſſus la taille , afin d'empêcher que la ſéve de l'Arbre ne ſorte, & de peur que le Soleil ne les échauffe

trop & ne les brûle : On aura
foin de les entourer deffus &
deffous de Paillaffons qu'on ôtera toutes les nuits. Quand les
nuits commenceront à être froides, ce qui arrive ordinairement
en Octobre, on les ferrera dans
un lieu fec & où les gelées ne
puiffent penetrer ; telle pourra
être la Serre que j'ai décrite ci-
deffus : on les en fortira au quinze
ou dix-huit de May, puis on les
mettra en belle expofition. En
cas que leurs racines foient a-
bondantes, & que leur terre foit
ufée, on les dépotera & on les
encaiffera au Printems en les
fortant ; la terre peut leur fervir
& être bonne pendant cinq à fix
ans : on aura foin de couper
tout le bois mort qui pourra
y être. En cas qu'un Oranger
fe foit défeüillé en Serre, on
aura foin de lui renouveller fa

terre, & de peu l'arrofer : on les éleve de grain qu'on feme en Mars en bonne terre & en belle expofition : on les greffe en écuffon pour qu'ils portent fruit comme les autres Arbres.

On fait une eau de Fleur d'Orange, qui fert à tout ce que l'on veut ; comme dans les Crêmes, Tourtes & autres chofes que l'on mange ; l'écorce d'Orange fe mange confite : il y a de deux efpeces d'Oranges, de douces & d'ameres ; les ameres fervent à étancher la foif des febricitans.

Auricula Urfi, *Oreille d'Ours : belle Fleur.*

Les Oreilles d'Ours veulent être plantez en belle expofition & en bonne terre, ne fe foucient pas d'un grand Soleil. Les curieux les élevent de graine, mais cela eft bien long : on les fepare

en Septembre, ce qui est bien
plûtôt fait ; cette Plante est gour-
mande & aime la fraîcheur &
la terre franche : on ne leur don-
nera de l'eau que quand elles en
auront besoin, parce qu'elles sont
sujettes à pourriture ; trop peu
aussi leur feroit tort : lorsqu'elles
sont en fleur ; on aura soin d'ôter
les œilletons qui ont la fleur
d'une seule couleur ; quand il est
une fois pur il ne devient jamais
pannaché : on sçait que les Oreilles d'Ours pannachées sont les
plus belles. Je ne m'arrête point
ici à un plus grand détail de cette Plante ; ceux qui en voudront
sçavoir davantage liront un petit
Livre qui en traite, & qui se
vend chez Prudhomme au Palais.

On ne s'en sert point en Médecine.

Azeda-

Azedarack, * *Arbrisseau.*

Veut être planté en bonne terre & en belle exposition ; se multiplie de jettons , craint les grands froids.

On ne s'en sert point en Médecine.

B.

Baccharis , * *Plante médecinale.*

VEut être plantée en terroir gras & bien cultivé , se multiplie de semence & de plant enraciné.

Sa décoction ouvre les conduits , l'odeur de la Plante provoque le sommeil.

Ballote , * *Plante médecinale.*

Voyez *Marrubium* , ci - après à la lettre M.

G

Balfamina , *Balfamine : belle Fleur*
Automnale.

Se feme fur couche en Mars,
pour être replantée en bonne
terre & en belle expofition quinze jours aprés qu'elle fera levée ;
la Plante eft annuelle.

L'huile de Balfamine eft un
fort bon remede pour les mem-
bres rompus. Voyez Mathiole.

Bardana , *Bardane : Plante*
médecinale.

Il n'y a point de terre inculte
où cette Plante ne foit en abondance ; elle fe multiplie de femence.

La Bardane eft diuretique ,
fudorifique , pectorale , hifteri-
que , vulneraire , febrifuge : La
décoction de cette Plante puri-
rifie le fang & foulage ceux qui
ont des maux Veneriens : on fe

fert de fes feüilles cuites fous la braife pour les Goutteux. Voyez l'Hiftoire des Plantes des environs de Paris, page 207.

Barba-jovis, * *Arbriſſeau.*

Demande foin & culture, étant un des beaux Arbriffeaux que nous ayons; il vient de femence que l'on femera fur couche en Mars, pour être replanté en bonne terre & en belle expofition huit jours aprés qu'il fera levé de terre. Il craint l'Hyver : on aura foin de lui renouveller fa terre comme aux Orangers.

On ne s'en fert point en Médecine.

Belladona , * *Plante médecinale.*

Ne demande culture, venant en tous lieux & en toutes expofitions , fe multiplie de femence & plant enraciné.

Le fruit de cette Plante est tres-dangereux, & est capable d'empoisonner, comme le rapportent plusieurs Autheurs: on applique les feüilles sur le Cancer & sur les Hemoroïdes pour les resoudre: elle est bonne aussi pour les duretez de Mamelles.

Bellis, *Paquerette*: *Fleur*.

Veut être plantée en terre grasse en belle exposition, & être souvent arrosée pour porter quantité de Fleurs; la Plante est tres-bonne pour faire des bordures: on aura soin de la lever tous les trois ans pour en ôter le peuple.

La Plante est tres-vulnerai-re. Ruel assûre qu'un Cataplasme fait avec la Paquerette & l'Armoise fond les tumeurs scrofuleuses, resout celles où il y a de l'inflammation, & soulage les Goutteux & Paralytiques.

Berberis, *Epine-Vinette: Arbriſſeau.*

Vient ſans culture en toute terre, & en quelque expoſition que ce ſoit, ſe multiplie de plant & de ſemences. Elle eſt tres-bonne à mettre dans une haye pour la garnir.

Le vin fait avec les fruits de cette Plante arrête la Dyſenterie & les fleurs blanches, à ce que dit Tragus. La racine de cette Plante eſt aſtringente & deterſive : on confit le fruit de cette Plante, qui eſt une choſe tres-bonne pour l'eſtomach : on la met auſſi en dragées.

Bermudiana *.

Veut être plantée en terre graſſe & en belle expoſition, ſe multiplie de ſemences & de plants, craint les grands froids.

G iij

On n'en connoît point les vertus.

Beta, *Poirée ou Bette : Herbe potagere.*

Les feüilles de la Poirée servent de deux façons, au pot & pour des Cardes : on la seme en Mars en planche : on peut la recouper fort souvent pendant l'Esté , parce qu'elle repousse comme l'Ozeille & le Persil : on la seme quelquefois dés le mois de Fevrier, pour pouvoir en replanter au mois d'Avril : on replantera les plus blondes : on les replante communément entre les Artichaux. La graine se recueille en Juillet, Aoust & Septembre. Pour avoir des Cardes, on les replantera en terre bien preparée à la distance d'un pied & demi l'une de l'autre en Avril & en May ; elles veulent

être bien émondées, farclées &
arrosées : on les couvre de grand
fumier fec pour les conferver
l'Hyver. La Betterave fe cultive
de même, exceptez qu'on ne la
feme pas fi dru.

Les Bettes lâchent le ventre ;
le jus des Bettes attiré par le nez
purge le cerveau & purifie le
fang.

Betonica , *Betoine : Plante*
médecinale.

Faute de plant fe feme en terre humide & à l'ombre.

La Betoine eft vulneraire,
propre pour les maladies de
cerveau & du bas ventre : on fe
fert de fes feüilles à la maniere
du Thé pour les vapeurs, pour
la fciatique, pour les douleurs de
tête, pour la jauniffe & pour la
paralyfie ; les feüilles de Betoine
mifes en poudre font éternuer.

G. iiij

Voyez l'Histoire des Plantes des environs de Paris. p. 320.

Betula, *Bouleau* : *Arbre*.

Cet Arbre venant fort communement dans les bois ne demande foin ni culture : on le multiplie de jettons.

On fe fervoit autrefois de l'écorce du Bouleau pour écrire : on s'en fert à prefent pour faire des cordes à puits ; l'eau qui fort de cet Arbre aprés qu'on lui a fait une incifion, nettoye le vifage.

Bidens, *.

Veut être planté en terre graffe & bien expofée, fe multiplie de femence & de plant enraciné ; l'efpece qu'on nomme *Hyeracii folio caule alato* eft annuelle.

On ne connoît pas les vertus de cette Plante.

Bignonia, * *Eſpece de Clematis.*

Cette Plante eſt propre à faire un Berceau, montant beaucoup; veut être plantée en bonne ter- re, & en belle expoſition. La fleur de cette Plante eſt tres- belle & tres-curieuſe; en cas que les Hyvers fuſſent rudes, on la couvrira. Elle ſe multiplie de jettons.

On n'en connoît point les vertus.

Biſtorta, *Biſtorte: Herbe. médecinale.*

Veut un lieu humide & om- brageux, ſe multiplie de plant de enraciné.

La racine de Biſtorte arrête toutes ſortes de Flux.

Blattaria, *Blattaire, ou Herbe aux Mittes : Plante medecinale.*

Veut être plantée en bonne terre & en belle exposition, se multiplie de semence & de plant enraciné. Les especes étrangeres craignent l'Hyver.

Cette Plante nettoye & refout : on dit qu'elle chasse les Mittes.

Boletus, *Morille : Plante naturelle.*

Vient sans semer comme les Champignons. Les Morilles se trouvent en Avril dans les taillis de Saint Germain & de Montmorency.

Histoire des Plantes des environs de Paris, page 400.

Cette Plante sert comme les Champignons.

Borrago , *Bourache* : *Herbe potagere.*

Se feme en Aouft & Septembre pour l'Hyver , & en Avril pour l'Efté : on la tranfplante en tout tems : on cueillera la graine de la Bourache à demi meure , parce qu'elle tombe fort aifément quand elle eft trop meure.

Cette Plante eft rafraîchiffante & adouciffante.

Braffica, *Choux: Herbe potagere.*

Les Choux veulent une terre graffe & bien labourée ; les Choux verds doivent être femez à la my-Aouft ou Septembre : on les replante en Octobre. Les Choux pommez fe fement en Mars & fe replantent quand ils ont fix feuilles : on ne les arrofe jamais ; la graine vieille de trois ans ne revient plus.

Cataplasme fait de Choux avec de la lie, deux jaunes d'œufs, un peu de vinaigre rosat, le tout bien battu & incorporé, est un souverain remede pour les Gouttes. Une décoction de Choux augmente le lait des Nourrices. La cendre des Choux guerit les brûlures.

Brunella, *Brunelle : Plante médecinale.*

Se seme en Mars, vient plus vîte de Plant enraciné, vient en toute terre sans culture.

La Brunelle est astringente, vulneraire & detersive : on l'ordonne dans les ptisannes, dans les boüillons pour le crachement de sang, pour les urines teintes de sang, pour les mois des femmes trop frequents, & pour la Dysenterie.

Voyez l'Histoire des Plantes des environs de Paris, page 62.

Bryonia, *Coulevrée, ou Vigne blanche : Plante médecinale.*

Vient plus que l'on ne veut
sans culture ; l'espece qui a les
feüilles pannachées demande
plus de soin : on la semera sur
couche en Mars ; on la replantera en belle exposition & en
bonne terre. Elle se multiplie
aussi de plant enraciné. Monsieur
Tournefort a apporté cette espece de Candie.

Les racines & les semences de
Coulevrée purgent beaucoup.
Mathiole assure qu'elle guerit
les Vapeurs. La racine de Coulevrée appliquée exterieurement
est resolutive.

Buglossum ; *Buglose : Herbe
potagere.*

Pour sa culture & ses vertus,
voyez *Borrago*, Bourache, ci-dessus, p. 83.

Bugula, *Bugle : Plante médecinale.*

Veut un lieu pierreux & sec, se multiplie de semence & de plant enraciné.

Ses feüilles & racines sont souveraines pour consolider les playes tant interieures qu'exterieures : la Plante est tres-vulneraire.

Bulbo castanum, *Terre-noix.*

Ne s'éleve guere dans les Jardins, se trouve fort aisément en campagne.

Je n'en connoît pas les vertus.

Buphtalmum , *Oeil de Bœuf: Plante médecinale.*

Veut une terre grasse & bien cultivée, se multiplie de semences & de plant enraciné ; les Fleurs de cette Plante mises dans du vin sont bonnes pour la jaunisse.

Bupleurum, *Oreille-de-Lièvre.*

Vient sans culture de semence
& de plant.

Je n'en connois point les vertus.

Bursa pastoris, *Tabouret : Plante*
medecinale.

Il n'y a rien de si commun dans
les champs & lieux incultes que
cette Plante.

Elle est vulneraire & astringente : le suc de ses feüilles bû depuis quatre onces jusques à six est
d'un grand secours dans les pertes de sang.

Butomus, * *Plante aquatique.*

Veut être dans l'eau, se trouve
dans la Seine.

On n'en connoît point les
vertus.

Buxus, *Boüis, ou Buis: Arbriſſeau.*

Cet Arbriſſeau eſt propre à faire des bordures de Parterre ; veut être planté en terre moyenne, ſe multiplie de ſemence ; on a plûtot fait d'en prendre des jettons : on aura ſoin de le tailler au cizeau en Septembre.

Les feüilles de Boüis ſont ameres & ſentent mauvais. On tire du bois de cet Arbre un eſprit acide & une huile fetide. Querrectan eſtime fort cette huile pour l'Epilepſie, pour les Vapeurs & pour le mal de dents, rectifiée avec un tiers d'Eſprit de vin ; elle eſt fort adouciſſante & fort aperitive : on en fait un liniment avec l'huile de Millepertuis pour le Rhumatiſme & pour la goutte : on mêle cette huile non rectifiée avec du beure fondu pour en graiſſer le Cancer.

C.

C.

Cachris , *Armarinte : Plante assez belle.*

VEut être plantée en terre graffe bien cultivée, & en belle expofition ; fe multiplie de femence & de plant enraciné.

On ne fe fert point de cette Plante en Médecine.

Calamintha , *Calament : Plante médecinale de bonne odeur.*

Veut un terroir fec qui ne foit point fumé, aime d'être fouvent arrofé, fe multiplie de femence & de plant enraciné.

On fe fert de cette Plante à la maniere du Thé, pour provoquer les Ordinaires ; la Plante eft ftomacale, diuretique & aperitive ; fa décoction en lavement appaife la Colique.

Calceolus , *Sabot* : *Plante assez belle.*

On n'éleve guere cette Plante dans les Jardins , elle aime mieux la Campagne ; elle se plaît à l'ombre ; on la multiplie de semence & de plant enraciné.

Les vertus de cette Plante ne sont point connuës en Médecine.

Caltha , *Souci* : *Fleur.*

Cette Plante est propre pour orner un Parterre , ne demande pas grande culture , venant dans toute sorte de terre. Quand cette Plante aura été une fois semée dans un endroit , il sera inutile de la resemer , se multipliant assez d'elle-même.

Le Souci des Jardins n'a pas grande vertu : on se sert du Souci sauvage , qu'on nomme en Latin *Caltha aruensis.* L'infusion des feüilles & des fleurs de Souci dans du vin se prend dans la jauniffe, dans l'Hydropifie, & dans la petite Verole. L'eau de Souci eft un excellent remede pour la rougeur des yeux : on applique les feüilles de cette Plante fur toutes fortes de Tumeurs.

Campanula, *Campanule : Fleur.*

Toutes les efpeces de Campanule veulent une terre graffe bien cultivée & bien expofée, viennent de femence & de plant. Les efpeces que Monfieur Tournefort a apportées de fes Voyages craignent les grands froids.

On ne fe fert point de cette Plante en Médecine.

Cannabis, *Chanvre.*

Doit être femé avant dans

terre en Mars, veut être bien fumé.

Mathiole dit que la décoction des feüilles de Chanvre chasse les vents. Un chacun sçait que l'on donne la semence de Chanvre aux petits oiseaux & aux chevaux pour les échauffer.

Cannacorus, *Canne d'Inde : Plante tres - rare.*

Nous avons plusieurs especes de Cannes d'Inde tres-belles, qui demandent toutes autant de soin les unes que les autres ; elles veulent une terre grasse & bien cultivée ; elle craignent l'Hyver. On les seme en Avril sur couche bien chaude, pour être replantées en belle exposition & en Pot un mois aprés qu'elles seront levées.

On ne s'en sert point en Medecine.

Capparis , *Capprier : Arbrisseau Fruitier.*

Le Capprier, à ce que l'on m'a dit , vient dans le païs dans les terres labourables sans culture ; il n'en est pas de même ici ; je n'en ai vû qu'un au Jardin Royal, duquel on prend bien du soin , & si il n'y porte que rarement du fruit & en tres-petite quantité : on le seme au Printems en lieu sec & chaud : on le preserve des froids.

Le fruit du Capprier est bon en Salade pour exciter l'appetit , nettoyer l'estomach , & délivrer les opilations du foye & de la ratte. On le confit ordinairement comme les Cornichons dans le vinaigre.

Caprifolium, *Chevre-feüil:* *Arbriſſeau.*

Le Chevre-feüil eſt un Arbriſſeau aſſez beau & propre pour
faire des Berceaux. Il vient en
toute terre, veut cependant un
lieu chaud; il ſe multiplie de Jettons & de Marcottes.

L'eau diſtillée de cette Plante
guerit les inflammations des
yeux: on la fait boire pour les
maux de gorge.

Capſicum, *Poivre long, ou de* *Guinée.*

Se ſeme en Mars ſur couche
pour être replanté en bonne terre & en belle expoſition, un mois
aprés qu'il ſera levé.

La Plante eſt annuelle.

On ne s'en ſert point en Médecine.

Cardamindum, *Capucine : Fleur.*

La Capucine, tant grande que petite, veut être semée sur couche en Mars , & être replantée en bonne terre & en belle exposition ; elle grimpe & fait du couvert.

La Plante est annuelle.

On confit la fleur de la petite espece dans du vinaigre pour la manger en Salade.

Cardiaca, *Agripaulme : Plante medecinale.*

Vient sans culture dans les lieux incultes & raboteux , se multiplie de semence & de plant enraciné.

Cette Plante provoque les mois des femmes , fait uriner & cracher, délivre les poulmons, fait mourir les vers , aide les femmes qui sont en travail.

Carduus, *Chardon : Plante*
medecinale.

Vient sans culture par tout, se
multiplie de semence.

Le Chardon _ benit chasse la
Fiévre - quarte en prenant trois
onces de son eau le matin à
jeun. Le même remede appaise la
douleur des reins & la Colique;
appliquée sur des Ulceres les
guerit.

La Chausse-trappe provoque
l'urine & pousse la Gravelle.

Le Chardon-nôtre-dame a les
mêmes vertus que la Chausse-
trappe.

Le Chardon-roland, ou à cent
têtes, provoque le flux menstrual
& l'urine ; l'eau distillée de ses
feüilles pousse la Verole , & est
bonne pour les Fiévres-quartes ,
guerit les maux de cœur bûë
avec decoction de Buglose & de
Melisse.   Car-

Carlina , *Carline* : *Plante*
médecinale.

Veut être sémée & plantée en
terre seche, pierreuse & en belle
exposition.

La racine de la Carline mise en
poudre, en prendre le poids d'un
écu guerit de la Peste & la Retention d'urine ; appliquée par dehors appaise la Goutte sciatique.

Carpinus, *Charme* : *Arbre.*

Veut une terre grasse & humi-
de , se multiplie de Jettons : cet
Arbre n'est propre que dans un
Bois ou pour faire une avenuë.

On ne se sert point de cet Arbre
en Médecine.

Carthamus , *Saffan bâtard* :
Plante médecinale.

Veut une terre qui ne soit ni
forte, ni fumée , veut une belle

I

exposition & être souvent arro-
fée, fe feme en Mars.

La Plante eft annuelle.

La femence de Saffran bâtard
purge doucement.

*Carvi *.*

Veut une terre graffe & humide,
fe feme en Mars.

Le Carvi fait uriner, appaife
les Coliques, & provoque les
mois des femmes. Ses feüilles pilées & mifes fur les playes qui
viennent aux jambes, y font pro-
fitables.

Cariophillata, *Benoite : Plante médecinale.*

Veut une terre graffe & bien
amendée, fe multiplie de femence & de plant enraciné, ne demande pas grande culture.

Tragus dit que la racine de
Benoite infufée dans du vin eft

ſtomacale & emporte les obſtructions du foye : ce même vin
eſt vulneraire & deterſif.

Caryophillus, *Oeillet : belle Fleur.*

L'Oeillet veut une terre vier-
ge qui ne ſoit lourde, mais legere, bien criblée, mélangée de
terreau bien pourri, avec une poignée ou deux de ſablon noir ; il ſe
multiplie de Marcottes faites de
cette façon : on fendra la moitié
de la tige de la Marcotte, prés
& au-deſſous d'un nœud ; on
pouſſera la fente une ligne ou
deux au-deſſus du nœud, puis
vous fendrez jûſte au milieu du
nœud la moitié qui ne tient plus
au pied, ce qu'on appelle talon,
& auquel la racine vient ; vous
coucherez vôtre Marcotte dans
ſon Pot garni de terre preparée
pour les Marcottes, & vous fi-
cherez en terre au-deſſus de la

fente, en tirant vers le pied, un petit crochet de bois qui tient enfoncée la tige de la Marcotte, de sorte que son talon ou coupure soit tout-à-fait couverte de terre. Il faut que le crochet soit bien enfoncé, qu'il fasse relever la Marcotte, & que son talon se trouve situé tout droit. La terre propre à faire les Marcottes doit être fort legere ; les racines y viennent mieux: arrosez bien vos Marcottes, laissez-les 3. ou 4. jours à l'ombre pour s'affermir & pour prendre plus aisément racines, elles auront racines un mois aprés qu'elles auront été faites. Le tems de faire lesdites Marcottes est quand la fleur est passée. En cas que les Marcottes fussent trop longues & qu'on ne pût les enterrer dans le Pot, on aura de petits entonnoirs de fer-blanc dans lesquels on les fera. L'exposition de l'Oeillet est au Nord; les Curieux les élevent de graines se-mées en Mars. Les neiges leur font contraires. Ceux qui vou-dront en sçavoir davantage li-ront Pierre Morin Fleuriste, Li-vre de grande utilité aux Curieux de cette Fleur.

Le Vinaigre ou la Conserve de Fleurs d'Oeillets est un souverain remede contre la Peste.

Cassia , *Casse* : *Plante d'Amerique médecinale.*

On n'éleve guere cette Plante en ces Païs ; j'en ai élevé qui ont passé l'Esté assez belles ; dabord qu'elles ont senti les approches de l'Hyver, elles sont peries : on la doit semer sur couche bien chaude, & la tenir sous cloche pendant tout l'Esté.

Un chacun sçait qu'il n'y a guere de Médecine où la Casse n'entre. I iij

Cassida, *la Toque: Plante médecinale de bonne odeur.*

Veut un terroir sec & bien exposé, se multiplie de semence & de plant enraciné.

On tire une eau de cette Plante excellente pour les fluctions & enflures.

Castanea, *Châteigner : Arbre.*

Veut une terre grasse & une belle exposition pour porter son fruit en abondance : on le plante en Mars & seme en Octobre, on ne le relevera que trois ans aprés qu'il sera levé.

Les Châteignes engraissent & font d'une assez bonne nourriture, mais elles resserent & produisent des vents ; la decoction de Châteigne soulagent ceux qui ont le Cours de ventre.

Voyez l'Histoire des Plantes

de Monsieur Tournefort, p. 410.

Cataria, *Herbe aux Chats.*

Vient de femences en Mars fur couche pour être replantée en bonne terre & en belle expofition, fe multiplie auffi de plant : on aura foin de garentir cette Plante des chats qui la détruifent entierement.

Cette Plante eft fort aperitive prife comme le Thé, guerit les Vapeurs & provoque les Ordinaires.

Caucalis, * *Plante affez commune.*

Vient de femence & de plant en toute terre fans culture.

On n'en connoît point les proprietez.

Cedrus, *Cedre : Arbre.*

Le Cedre n'eft pas commun en France, ceux qui en auront

des semences les doivent semer
en Mars, en terre bien preparée
& en belle exposition : on les
relevera pour les transplanter
quatre ans aprés qu'ils seront
levez.

On fait des Parfums du bois de
Cedre.

Centaurium, *Centaurée : Plante
médecinale.*

Tant grande que petite vient
de graine & de plant enraciné
dans une bonne terre bien amendée & bien exposée.

Les racines de Centaurée en
decoction ou en poudre, provoquent les ordinaires, font uriner,
purgent les humeurs flegmati-
ques, & font mourir les vers.

Cæpa, *Oignon.*

Se seme en tems doux, en terre
grasse & bien labourée : pour

faire groffir les Oignons on mar-
chera deffus fouvent.

Il n'y a guere de ragoût où
l'Oignon n'entre.

Il eft tres-bon & tres-falutaire
pour l'eftomach.

Cerafus, *Cerifier* : *Arbre Fruitier.*

Le Cerifier fe plaît dans des
vallées : on le peut planter dans
les Jardins en bonne terre & en
belle expofition : on le greffe
pour qu'il porte fruit fur des Me-
rifiers.

La Confiture de Cerife eft tres-
agreable à manger ; elle fortifie
l'eftomach, & réjoüit le cœur.

Ceterac,* *Plante médecinale.*

Voyez *Afplenium*, ci-devant p.
66.

Cereus, *Cierge.*

C'eft un prodige de la nature

si l'on examine la beauté de cetre
Plante par rapport à ses feüilles
& à ses fleurs ; ses feüilles naissent
d'une grandeur inconcevable,
la maîtresse tige croît ordinairement de soixante ou quatre-vingt
pids de haut, ornée de fleurs
qui naissent sur ses côtez depuis
le haut jusques en bas : on nous a
apporté cette Plante d'Amerique ; les premieres venuës sont
peries, parce qu'on ne connois-
soit pas dans ce tems le naturel
de cette Plante : on en a depuis
reçû un autre pied du Jardin
d'Holande qui vient & croît fort
bien. Il veut être planté en terre legere, & n'être guere arrosé ; dans les grandes chaleurs on
l'arrose plus souvent, dans l'Hyver point du tout peur de la
pourriture : on le mettra tant qu'il
fera froid dans un lieu sec & où
les gelées ne puissent penetrer.

Pendant l'Esté on lui choisira le lieu le plus exposé à la chaleur, & on le mettra sous la cage vitrée : on le multiplie de boutures en May.

Nous n'en connoissons point les vertus.

Cerinthe , *Melinet : Plante médecinale.*

Veut une terre grasse & une belle exposition, se seme en Mars sur couche, se multiplie de plant enraciné , craint les grands Hyvers.

Je n'en connois point les vertus.

Chærophillum , *Cerfeüil : Herbe potagere.*

Se seme en tems doux , en planche ou en bordure, en bonne terre & bien labourée.

Le Cerfeüil excite l'appetit, il est souverain pour faire uriner

& purifier le fang.

Chamædris , *Germandrée ou petit
Chêne : Plante médecinale.*

Veut un lieu humide , fe
multiplie de plant enraciné ,
pourvû qu'on l'arrofe fouvent,
& de femence en Mars.

Sa decoction prife en breuvage
guerit les Fiévres-tierces , délivre les opilations de la ratte , &
fait uriner.

Chamælea , *Camelée : Arbriffeau.*

Veut un terroir fec & bien
expofé , fe multiplie de jettons
& de femences en Octobre.

Je n'en connois point les vertus.

Chamæmelum. *Camomille : Plante
médecinale de bonne odeur.*

Vient en toute terre, fe feme
en Mars & fe replante en Avril
en lieu chaud.

La Camomille est resolutive
& laxative ; ses feüilles pilées
avec du vin blanc, guerissent toute sorte de Fiévres.

Chamænerion , * *Plante*
médecinale.

Veut un lieu humide & un
terroir sec , se multiplie de semence & de plant.

Arrête le Flux-de-sang venant
par le nez ; elle est propre aux
Dysenteries , & aux Flux des
femmes.

Chamæpitis , *Yvette* : *Plante*
medecinale.

Vient assez facilement dans
les lieux ombrageux , se multiplie
de plant enraciné en Septembre
& de semence en Mars.

Elle est diuretique & propre
pour provoquer les Ordinaires.

On la fait infuser dans du vin.

Chelidonium, *Chelidoine ou Esclaire* : *Plante médecinale.*

Se plaît dans les lieux pierreux & froids, ne demande pas culture, venant par tout de son bon gré.

Le jus de ces fleurs mêlé avec le miel, ôte la Taye des yeux, guerit les Dartes ; appliquée sur les Mammelles, arrête l'abondance de lait.

Chenopodium , *Patte-d'Oye:* *Plante médecinale.*

Quand elle aura une fois été semée , elle viendra par aprés plus que l'on ne voudra.

Fuchsius & Tragus assurent que le *pes anserinus* fait mourir les Cochons ; pour ses autres vertus , voyez *Atriplex* Arroche, page 68.

Chondrilla, *Condrille.*

Voyez *Sonchus*, ci-aprés lettre S.

Cristophoriana *.

Voyez *Aconitum*, Aconit, ci-
deſſus, page 32.

Chriſanthemum, * *belle Fleur.*

Se ſeme en Mars ſur couche
pour être replanté en Avril en
belle expoſition, craint les grands
Hyvers.

On n'en connoît point les vertus.

Cicer, *Poids-ciches : Plante*
médecinale.

Le Poid-ciche eſt tres-long à
lever ; il faut le ſemer en Septembre & le remettre ſur couche en
Mars. Je crois la Plante vivace.

Le Pois-ciche excite les vents
& augmente la ſemence.

Cichorium, *Chicorée*, *Herbe portager*.

Veut être semée en Mars sur couche, pour être replantée en planche pour blanchir ; on aura soin de la lier peur qu'elle ne monte : on l'arrosera souvent. Il n'est pas besoin de lier la Chicorée sauvage, elle se cultive de même que la commune.

La decoction de Chicorée bûë en forme d'apozeme, guerit la Jaunisse. Le jus de Chicorée bû de deux jours l'un à jeun, appaise le crachement de sang.

Cicuta, *Ciguë : Plante médecinale.*

Vient sans soin & sans culture plus que l'on ne veut en toute terre.

Les feüilles de cette Plante sont tres-adoucissantes & resolutives boüillies avec du lait : on les applique

plique ſur les Hemorroïdes.

Cinara, *Artichaud.*

Les Artichauds ſe multiplient d'œilletons ſur la fin de l'Automne en terre graſſe bien labourée : on les plante à un & pied demi de diſtance les uns des autres ; un quarré d'Artichauds dure trois ans : à l'entrée de l'Hyver on coüpe leurs feüilles, & on les couvre de grand fumier ſec ; on les labourera au commencement de Mars ; on les arroſera deux fois la ſemaine dans les grandes chaleurs. Le tems de faire des Cardes d'Artichauds eſt l'Automne; pour cela on les lie & on les envelope de paille ou de vieux fumier juſques au haut, de maniere que il n'y ait que l'extremité des feuilles qui paſſe : on choiſira pour cela les vieux pieds qu'on veut ruïner.

K

La racine d'Artichaud cuite en vin & bûë est bonne pour la dificulté d'urine, pour la Chau-de-pisse, Verole, & autres maladies Veneriennes.

On les mange quand ils sont jeunes cruds avec du Sel & du Poivre.

Circæa *.

Veut un terroir gras & humide, se multiplie de semence & de plant.

On ne s'en sert point en Medecine.

Cirsium, * *Espece de Chardon.*

Voyez *Carduus*, ci-devant, page 96.

Cistus, *Ciste: Arbrisseau.*

Se plaît en terre bien cultivée & en belle exposition, se multiplie de semences.

Toute la Plante est astringente.

Citreum, *Citron* : *Arbre.*

Vient de semence & est bon
à greffer au bout de trois ans :
pour sa culture & ses vertus,
voyez *Aurantium*, Oranger, p.69.

Clematitis, *Clematite* : *Plante
médecinale.*

Cette Plante est tres-propre à
faire des Berceaux ; elle se multiplie de plant enraciné en bonne terre & en belle exposition.

Les feüilles sont caustiques &
brûlantes.

Clinopodium , * *Plante de bonne
odeur.*

Veut un terroir gras bien cultivé & une belle exposition, se multiplie de semence & de plant.

Toute la Plante est caustique

K ij

Climenum, * *Espece de* Latyrus.

Voyez Lathyrus ci‑aprés, lettre L.

Cnicus, *Espece de Chardon.*

Voyez Chardon, ci‑devant, page 96.

Cochlearia, *Herbe aux Cuilliers: Plante médecinale.*

Se plaît en terre grasse & à l'ombre, se multiplie de plant enraciné.

Les feülles & les racines du *Cochlearia* sont bonnes pour les maux de gorge.

Colchicum, *Colchique : Fleur.*

Le Colchique ne demande pas une grande industrie, car il fleurit en quelque endroit qu'il soit, vient de ses cayeux : on le leve de terre vers le mois de May,

& on le replante quinze jours
aprés.

Laurembergius ubi de bulbis.
Je n'en connois point les vertus.

Colocasia , * *Espece d'Arum d'E-
gipte : Plante tres-rare.*

Cette Plante demande beaucoup de soin & de culture , venant d'un Païs tres-chaud : on
aura soin de la planter en bonne
terre & en belle exposition ; elle
se multiplie de ces bulbes ; elle
craint l'humidité & les froids de
l'Hyver : on ne l'arrosera presque
point dans l'Hyver peur de la
pouriture ; elle n'a jamais fleuri
dans ce Païs.

Elle n'a aucune vertu.

Colocynthis , *Coloquinte* : *Plante
médecinale.*

Toutes les especes de Colo-
quintes viennent de semences sur

couche en Mars, pour être replantées en bonne terre & en
belle expofition en Avril. Il faut
les arrofer fouvent pendant les
chaleurs, & leur mettre un écha-
las pour qu'elles puiffe grimper
& s'attacher.

Le Fruit de la Coloquinte eft
amer, purgatif & laxatif.

Coluthea , *Baguenaudier :*
Arbriffeau.

Demande une terre graffe bien
amendée, fe multiplie de femence, non de plant, veut être en
belle expofition pour bien fleurir ; ceux qui viennent des Païs
étrangers craignent l'Hyver &
demandent plus de chaleur : on
les femera fur couche.

Quelques-uns ont cru que la
Plante dont nous parlons étoit
le Sené, ils fe trompent.

Nous ne connoiffons point les

vertus de cet Arbrisseau.

Consolida , *Consoude.*

Voyez *Simphitum* , ci - aprés,
lettre S.

Convolvulus , *Liseron : Plante
medecinale.*

Les especes de Liseron de ces
Païs viennent plus que l'on ne
veut sans soin & sans culture.
Les étrangers demandent un peu
de culture : on les seme sur couche, & on les y laisse pour leur
donner plus de facilité pour fleurir & grainer.

Toutes les especes de Liseron
sont annuelles.

Le Liseron commun est purgatif, appliqué exterieurement
est vulneraire.

Coniza , *Conise ; Plante médecinale.*

Veut être plantée en bonne

terre & en belle exposition, se multiplie de semence & de plant enraciné.

On fait boire ces feüilles infusées dans du vin pour provoquer les mois des femmes, pour la Dysenterie & pour la Chaudepisse. Son suc mêlé avec de l'huile en forme de liniment, guerit les maux de tête.

Les feüilles sont tres-bonnes contre les morsures de serpens & d'autres animaux venimeux.

Voyez Galenus & Discorides.

Coralloides, * *Plante naturelle.*

Vient sans culture comme les mousses, se trouve dans la Forêt de Saint-Germain, dans les lieux secs du Bois de Boulogne, à Versailles & à Meudon.

Histoire des Plantes des environs de Paris, page 422. & 423.

Je n'en connois point les proprietez.   Corian-

Coriandrum , *Coriandre : Plante*
médecinale.

Demande un terroir gras &
une belle expofition , fe feme en
Mars fur couche.

La Plante eft annuelle.

La Coriandre eft bonne pour
l'eftomach, arrête le flux de fang,
chaffe les vents : on ne s'en fer-
vira cependant qu'avec moderation.

Coris, * *efpece de Vefce.*

Vient en toute terre fans culture , fe multiplie de femence
& de plant ; la Plante trace beaucoup dans terre.

On n'en connoît point les
vertus.

Cornus , *Cornoüiller : Arbre.*

Cet Arbre n'eft propre que
dans un bois ou dans une haye ;

L

il veut un terroir sec & pierreux,
se multiplie de ses fruits & de
jettons.

Le fruit arrête la Dysenterie
& Cours de ventre.

Corona-Imperialis, *Couronne-Im-*
periale : Fleur.

La Couronne - Imperiale se
multiplie de deux façons, & de
semence & de ses bulbes. L'on
doit mettre sa semence dans terre devant l'Automne ; mais cette propagation est bien longue,
car vous n'aurez des fleurs qu'au
bout de huit ans, & bien souvent
degenereront-elles ; elle se multiplie plus aisément de ses bulbes ; vous les tirerez de terre environ vers le mois de May, &
vous les separerez de leur pied,
puis les replanterez en terre
grasse & en belle exposition ; au
bout de trois ans elles fleuriront.

On n'en connoît point les proprietez.

Corona Solis, *Soleil : Fleur.*

Vient en toute terre sans culture, veut cependant une belle exposition ; se mulitiplie de plant enraciné. Les grandes especes de Soleil demandent plus de soin : on les semera sur couche en Mars : on les replantera en bonne terre quinze jours aprés qu'ils seront levez , & en belle exposition.

Ils sont annuels, & n'ont aucune vertu : on se sert seulement du Taupinambours, qui est une espece de Soleil, que l'on mange.

Coronilla, * *Arbrisseau.*

Veut être planté en bonne terre & en belle exposition , se multiplie de semence en Avril, & de jettons en Septembre. Les especes étrangeres se cultivent de même , exceptez qu'ils craignent l'Hyver. Ce petit Arbrisseau est tres-joli dans un Parterre.

Il n'a aucune vertu.

Coronopus, *Corne-de-Cerf*: *Plante médecinale.*

Vient en tous endroits, exposez au Soleil ou non, veut cependant une terre grasse , se multiplie de semence & de plant.

La plante est astringente , froide & seche ; elle fortifie les reins , arrête le Flux-de-sang : on la mange aussi en Salade.

Corilus, *Noisetier : Arbre.*

Se trouvant dans les bois fort communement, ne demande culture.

Son fruit est difficile à digerer & resserre le ventre.

Cotinus, *Fustet : Arbre.*

Demande une bonne terre & une belle exposition, se multiplie de jettons en Octobre.

Je n'en connois point les vertus.

Cotula, * *espece de Camomille.*

Demande une terre seche & bien exposée, se multiplie de semence en Mars. Je crois la Plante annuelle.

Pour ses vertus, voyez Camomille, ci-dessus page 108.

Cotyledon , * *Plante médecinale.*

Demande une terre grasse & à l'ombre, se multiplie de plant enraciné en Avril, se seme de soi-même, veut être beaucoup arrosée, les grands froids lui sont contraires.

La Plante est tres-froide, elle est bonne pour l'Eresipel , elle pousse l'urine & le calcul.

Crambe, *Chou Marin.*

Veut une terre qui ne soit ni grasse ni seche, se multiplie de semence en Mars, & de plant enracinée en Octobre, se plaît en belle exposition.

Les vertus de cette Plante ne sont point connuës.

Ctratesgus, *Alisier : Arbre.*

Ne demande culture, se trouvant communément dans les bois.

Les Fruits de l'Alisier sont tresbons & agreables à manger ; on les laisse mollir comme les Nesles. Ils arrestent le cours de ventre & resserrent. Il n'en faut point manger avec excez.

Christa-galli, *Creste de Coq: Plante médecinale.*

Voyez ci-aprés, *Pedicularis,* lettre P.

Chritmum, *Bacile : Plante médecinale.*

Demande une terre grasse & bien cultivée, se multiplie de semence & de plant.

La Percepierre que l'on mange en Salade est une espece de *Chritmum* : on la semera sur couche, & on la replantera en belle exposition & en bonne terre : plus on la coupe, plus elle repousse.

La Percepierre décharge les reins, chasse la Gravelle, provoque l'urine : on la mange en Salade, on la confit dans le vinaigre.

Crocus, *Saffran : Fleur.*

Vient en bonne terre, se multiplie de ses cayeux vers la fin de May, se replante en Automne, veut une belle exposition ; les Automnaux se relevent en Avril, & se replantent aussi-tôt.

Le Saffran est bon pour l'estomach.

Cruciata , *Croisette : Plante médecinale.*

Vient sans beaucoup de culture à l'ombre, se multiplie de plant & de semence.

La plante est vulneraire.

Cucubalus *.

Voyez *Alsine* Morgeline , ci-devant, page 40.

Cucumis, *Concombre.*

Les Concombres fe doivent lever fur couche & fous cloches; on les femera en Fevrier; on les couvrira tous les foirs, & même pendant le jour s'il geloit, jufqu'à ce que le tems foit arrêté: on les tranfplantera fur une autre couche en Avril, & on les tiendra chaudement jufqu'en Juin qu'on les déclochera; on aura foin de couper les branches inutiles & de les arrêter; on les arrofera deux fois la femaine dans les grandes chaleurs.

La graine de Concombre eft une des quatre Semences froides. Le fruit fe mange en Salade confit en vinaigre, mais il n'en faut point faire excez; il pouffe les urines. La Plante eft aperitive.

Cucurbita , *Callebasse*.

Voyez *Colocynthis* , Coloquinte, ci-devant , page 117.

Cuminum , *Cumin* : *Plante médecinale*.

Se seme en Mars en bonne terre & en belle exposition.

La Plante est annuelle.

La Plante est astringente , rafraichissante , & arrête le Flux de sang.

Cupressus, *Cyprés* : *Arbre*.

Le Cyprés vient de sa graine que l'on semera en Automne dans une bonne terre ; quand ils auront acquis un pied de haut on les plantera en pepiniere , en terre bien labourée , & en belle exposition : on les arrosera souvent jusqu'à ce qu'ils soiént un peu forts.

Les feüilles, les fruits & les femences font aftringentes & cauftiques, deffechent les Ulceres mifes en cataplafme. La decoction de fes feüilles arrête toute forte de Flux ; les feüilles mifes dans les hardes empêchent que les vers ne s'y mettent.

Cufcuta, *Cufcute* : *Plante médecinale.*

La Cufcute fe trouve prefque fur toutes les Plantes en Juin, Juillet & Aouft : on la trouve ordinairement fur la Ronce, le Houblon, le Lin, fur le Thim, fur la Timbre, & fur toutes les Plantes boifeufes, comme dit Dodonée *Pempt.* 4. *lib.* 3. page 554.

Reperitur Junio, Julio & Augufto menfibus in rubo, repribus, lupulo & lino, major craffior & candidior: in thimo veftro thimbrà & aliis hu-

milioribus ac durioribus ut eringio
genistà & aliis tennior ac ruffior.

La Cuſcute purge les humeurs bilieuſes, mélancoliques & pituiteuſes, ſert dans les maladies Venerienes, & pour les Ulceres : on la fait prendre contre les Fiévres Quartes.

Cyanus, *Bluet, Barbeau : Fleur.*

Le commun vient dans les champs avec les Bleds ; les autres eſpeces étrangeres demandent ſoin : on les ſemera ſur couche chaude , on les replantera en bonne terre & en belle expoſition , & on les preſervera de l'Hyver.

Le Bluet commun ſert pour les inflammations des yeux.

Cyclamen, *Pain de Pourceau : Fleur.*

Lès Automnaux viennent fort

aifément, fans foin, en bonne terre & à l'ombre. Je me fuis laiffé
dire que la Forêt d'Orleans étoit
pleine de cette Plante ; ceux du
Printems, d'Efté & d'Hyver demandent plus de foin ; ils fe
multiplient comme les autres,
craignent l'Hyver, veulent être
plantez en bonne terre & en
belle expofition ; on ne les arrofera que tres-peu peur de la pourriture.

On dit que l'Oignon du *Cicla-
men* deffeché & mis en poudre
dans du vin, fert beaucoup aux
Afthmatiques ; les feüilles mifes
en cataplafme font bonnes pour
les morfures des bêtes venimeu-
fes.

Cydonia , *Coignaffier : Arbre Fruitier.*

Veut être planté en bonne terre : on fé fert de cet Arbre pour

greffer de belles Poires. Il se multiplie de pepin.

Le fruit cuit en Confiture est astringent.

Cynoglossum, *Langue de Chien:*
Plante médecinale.

Vient en toute terre sans soin & sans culture.

Les feüilles cuites en vin & bûës lâchent le ventre, excitent les humeurs acres : la racine cuite sous les cendres, & appliquée sur les Hemoroïdes, les fait cesser.

Cyperus, *Souchet : Plante*
médecinale.

Veut un terroir gras bien cultivé & une belle exposition, se multiplie de semence & de plant enraciné.

Les racines du Souchet sont astringentes, & dessechent les playes. Dioscoride s'en servoit

dans l'Hydropisie & dans le calcul.

Cytisus, *Citise* : *Arbrisseau.*

Voyez *Coluthea*, Baguenaudier,
ci-devant, page 118.

D.

Damasonium, * *Plante aquatique.*

SE plaît dans les mares & lieux
aquatiques.

Je n'en connois point les
vertus.

Daucus, *Carotte* : *Herbe potagere.*

Se seme en Mars en terre bien
preparée : on la semera fort
claire : en cas qu'elle levât trop
dru on l'éclaircira ; on pourra
en replanter ; on prendra garde
de ne pas couper de ses racines:
on la releve en Automne pour
la manger ; on ne relevera point

celles dont on voudra avoir de la graine.

On mange ordinairement cette racine dans le potage : on n'en mangera pas beaucoup, étant malfaisante, & échauffant par trop.

Delphinium, *Pied d'Allouette : Fleur.*

Veut une bonne terre & une belle exposition, se seme en Octobre ; quand elle aura une fois été semée dans un lieu, il sera inutile de la resemer, vû qu'elle se reseme d'elle-même en abondance.

La graine de Pied d'Allouette bûë en vin est bonne contre la morsure des bêtes venimeuses, arrête le Flux-de-sang, & chasse la Gravelle.

Dens

Dens leonis, *Pissenlit : Herbe medecinale.*

Vient plus que l'on ne veut sans soin & sans cuture.

Cette Plante est aperitive, diuretique, vulneraire & febrifuge ; elle purifie le sang par les urines : on s'en sert dans la Colique nefretique, & dans la Retention d'urine ; la ptisane de ses racines fait passer les urines, & convient à toutes sortes de Fiévres.

Voyez Monsieur Tournefort, page 192.

Dictamnus, *Dictam : Plante médecinale.*

Le commun vient & se plaît dans les lieux incultes : on le multiplie de plant enraciné.

Celui de Candie est plus difficile à faire venir : on le tiendra

M

le plus chaudement que faire se
pourra ; il est bon de le tenir
toûjours sous cloche ; on la leve-
ra un peu dans les grandes chaleurs, peur de brûler la Plante :
on la multiplie de Boutures &
de Marcottes en Juin. Pendant
l'Hyver on le mettra dans un
lieu sec & exempt des gelées :
on ne l'arrosera en Serre qu'une
fois la semaine, en Esté tous les
deux jours. Il est bon de renouveller la Plante tous les deux ans;
elle fleurit sur la fin de Juin ; elle
ne porte point de graine en ce
Païs. Dioscoride assure qu'elle
ne porte ni fleur ni graine, ce
qui est faux. Virgile lui contredit
au 12. de son Eneïde, lorsqu'il dit :

Dictamnum genitrix Cretæa carpit
ab Ida , puberibus caulem foliis
& flore comantem purpureo.

Les feüilles de Dictam de Cre-
te infusées à froid dans de l'eau,

servent beaucoup aux femmes qui sont en travail d'enfant, & provoquent les mois. On en fait boire le suc dans du vin contre les morsures des bêtes venimeu-ses ; la Plante appliquée en cata-plasme est bonne pour toutes sortes de blessures ; elle entre dans la composition du Theria-que.

Le Dictam commun peut ser-vir au défaut de celui de Candie.

Dentaria ; *Dentaire : Herbe médecinale.*

Veut une terre grasse, & à l'ombre, se multiplie de semence & de plant enraciné.

La Plante est tres vulneraire : on la fait prendre dans les ma-ladies du poulmon & des en-trailles.

Digitalis , *Digitale : Plante médecinale.*

Veut être plantée en terre grasse & bien exposée au Soleil, se multiplie de semence & de plant enraciné.

Monsieur Tournefort nous en a apporté une qui demande plus de soin , elle en merite bien la peine , c'est une des plus belles Plantes que nous ayons ; elle craint l'Hyver ; elle se multiplie de semence en bonne terre & en belle exposition.

Les feüilles de la Digitale commune purgent doucement. Il y en a qui assurent que c'est un poison.

Dipsacus , *Chardon à Foulon.*

Veut une terre grasse & fumée, se seme en Mars.

Cette Herbe n'a aucune vertu en Médecine.

Les Bonnetiers s'en servent pour gratter la laine.

Doronicum, *Doronie : Plante medecinale.*

Se plaît dans les lieux humides, se multiplie de semence & de plant.

Dioscoride assure que c'est un poison pour les loups, les cochons, & les scorpions. Theophraste dit que la racine bûë en vin est bonne pour la morsure des scorpions. Gesnerus assure qu'elle n'est point un venin, & qu'elle sert dans les maladies de l'homme, ce qu'il a sçû par experience.

Doricnium, * *espece de Trefle.*

Voyez ci-aprés, lettre T. *Trifolium*, Trefle.

Dracocephalon *.

Quoique cette plante vienne d'un Païs tres-chaud, elle n'est pas difficile à cultiver, elle se multiplie de plant enraciné en bonne terre & en belle exposition.

On n'en connoît point les vertus.

Dracunculus, *Serpentaire : Plante médecinale.*

Veut être plantée en terre grasse & à l'ombre, se multiplie de ses bulbes.

Sa racine bûë dans du vin purge & chasse toutes les serositez qu'on a dans le corps.

On dit qu'un homme qui aura frotté ses mains des feüilles ne sera jamais piqué des bêtes venimeuses.

E.

Ebulus, *Yeble : Plante médecinale.*

NE demande culture, les champs en étant remplis.

Les racines de l'Yeble chaſſent la Pituite & toutes les humeurs bilieuſes : on s'en ſert dans les purgations des Hydropiques: on la fait boire dans du vin pour toutes ces maladies. L'huile exprimée de la ſemence d'Yeble eſt adouciſſante & reſolutive.

Echinopus, * *eſpece de Chardon.*

Voyez *Carduus*, Chardon, ci-devant, page 96.

Echium, *Viperine : Plante medecinale.*

Veut une terre graſſe & une belle expoſition : au défaut de graine, ſe multiplie de plant enraciné.

Sa racine bûë dans du vin ferr contre la morfure des bêtes ve-nimeufes.

Elatine , *Velvote : Plante médecinale.*

Voyez *Linaria* , ci-aprés lettre L.

Elichrifum, *Immortelle : Fleur.*

Les efpeces qui fe trouvent dans les campagnes ne demandent culture : je n'en connois qu'une efpece qui foit difficile à cultiver, & qui periffe aifément ; c'eft celle que les Jardiniers connoiffent fous le nom de Bouton d'or : on la plantera en bonne terre & en belle expofition, on la preferve-ra des gélées pendant l'Hyver ; elle fe multiplie de boutures en Avril.

L'Immortelle n'a aucune vertu.

Emerus,

Emerus , * *Arbrisseau.*

Voyez *Coluthea* , ci-devant ,
page 118.

Enula Campana, *Aunée : Plante
médecinale.*

Voyez *Helenium* , ci - aprés,
lettre H.

Ephemerum , * *Plante medecinale.*

Se plaît dans les lieux ombrageux, & presque aquatiques ; au
défaut de plant vient de semence.

Sa racine appliquée sur les dents
en appaise la douleur, ses feüilles cuites en vin chassent les humeurs.

Epimedium, * *Plante médecinale.*

Demande un terroir gras &
bien cultivé, se multiplie de semence & de plant enraciné.

N

Galenus affure que la Plante
eft tres-rafraichiffante.

Equifetum , *Prefle , ou Queuë de*
Cheval : Plante médecinale.

Ne demande culture , venant
en tous terroirs , gras , pierreux ,
fecs , & arides.

La Plante eft aftringente &
vulneraire : on ordonne fa decoction dans le crachement de
fang, pour toutes fortes d'Hemorragies , & pour les Mois des femmes.

Erica , *Bruyere : Plante médecinale.*

Cette Plante eft fort commune
dans tous les Bois & lieux incultes.

La décoction de la Bruyere
eft diuretique : on fe fert de
l'huile des fleurs de cette Plante
pour les Dartes du vifage. La fomentation des fleurs appaife la
Goutte.

Eruca, *Roquette* : *Herbe medecinale.*

Ne demande culture, venant par tout; se multiplie de semence.

Sa semence purge par les urines, & est bonne pour la morsure des bêtes venimeuses. La fomentation de la Roquette arrête la Toux des petits enfans. La feüille mangée en Salade excite Venus; c'est de-là qu'on dit,

Excitat ad Venerem tardos Eruca maritos.

Eringium, *Panicaut ou Chardon Roland.*

Pour sa culture & ses vertus, voyez *Carduus* ci-devant, p. 96.

Erisimum, *Velar ou Tortelle : Plante médecinale.*

Vient en toute terre, de semence & de plant enraciné.

Le Velar est propre dans toutes les maladies du poulmon,
dans la Toux & dans l'Asthme.

Esula, *Esule, Plante médecinale.*

Voyez ci-aprés, *Tithimalus,*
lettre T.

Evonimus, *Fusain : Arbrisseau.*

Vient en toute terre & en toute exposition, se multiplie de semence & de Jettons.

Le fruit de cette Plante purge
par haut & par bas. Les païsans
à la campagne se servent de la
decoction des graines pour faire
mourir les poux.

Eupatorium, *Eupatoire : Plante*
médecinale.

Au défaut de graine vient de
plant enraciné en terre grasse.

Les feüilles de cette Plante

bûës en ptifanne emporte les obſtructions des viſceres, ſoulagent les Hydropiques , ceux qui ont les pâles couleurs, la galle, & quelques maladies de la peau; les racines purgent par haut & par bas.

Voyez Monſieur Tournefort, page 193.

Euphorbium , *Euphorbe : Plante tres-rare.*

Je crois que cette Plante n'eſt qu'au Jardin Royal ; on la démontre tous les ans pendant l'Ecole. Cette Plante demande beaucoup de chaleur & de culture : on la plantera en bonne terre ; elle ſe multiplie de boutures en Juin ; la Plante veut être ſous un chaſſis de verre pendant tout l'Eſté, & dans l'Hyver dans un endroit ſec & exempt des gelées : on ne l'arroſera point

du tout pendant l'Hyver, & tres-
peu pendant l'Esté.

Ses vertus ne sont point connuës.

Euphrasia , *Eufraise : Plante
médecinale.*

Veut une terre humide & un
lieu ombrageux ; au défaut de
semence vient de plant enraciné.

La Plante fortifie & éclaircit
la vûë : pour ce on prend trois
gros de la poudre d'Eufraise
dans un verre d'eau de Fenoüil
ou de Verveine.

Arnaud de Villeneuve loüë
beaucoup le vin d'Eufraise pour
les yeux.

Dodonée *pempt.* 1. *lib.* 2. *p.* 54.

F.

Faba , *Febve : Legume.*

SE seme en May en terre grasse bien labourée & en belle exposition.

Le moins qu'on peut manger de Febves est le meilleur, étant tres-rudes à digerer , & ne faisant aucun bon effet au-dedans.

Fabago , * *Espece de Capprier.*

Vient de semence au défaut de plant , en terre bien cultivée & bien exposée.

Ses vertus ne sont point connuës.

Fagonia , * *espece de Valeriane.*

Voyez *Valeriana* , Valeriane , ci-aprés lettre V.

Fagopyrum, *Bled Sarrazin*: *Grain.*

Se seme en Mars en terre bien preparée & bien grasse.

Il y a des Païs où l'on fait du pain avec le Bled Sarrazin : on le donne aux environs de Paris aux pigeons , aux poules & autres animaux domestiques.

Fagus, *Hestre ou Fouteau* : *Arbre.*

Ne demande culture étant fort commun dans les Bois.

Les feüilles de l'Hestre sont rafraîchissantes & astringentes ; on s'en sert pour toutes sortes d'Inflammations : appliquées sur les levres guerissent les enlevûres.

Ferrum Equinum , *Fer à cheval*: *Plante fort jolie.*

Se seme sur couche en Mars, pour être replantée en bonne terre & en belle exposition.

La plante est annuelle & n'a aucune vertu.

Ferula, *Ferule : Plante médecinale.*

Veut être plantée en terre graſſe
bien cultivée & en belle expoſition, ſe multiplie de ſemence &
de plant enraciné.

Dioſcoride aſſure qu'elle arrête
le ſeignement de nez, & que miſe dans du vin & bûë, eſt bonne
pour la morſure de vipere.

Ficus, *Figuier : Arbre Fruitier.*

Je crois qu'il eſt tres-inutile de
rapporter ici pluſieurs Hiſtoires
qui n'aboutiſſent à rien, ce qu'ont
fait pourtant pluſieurs Auteurs
qui ont décrit la maniere de cultiver des Figuiers ; il faut ſeule-
ment ſçavoir la maniere de les
élever & de les conſerver.

Le Figuier vient de Marcottes
& de Boutures, en Avril : on le

plantera en bonne terre & en belle expofition : on le preferve-ra des gelées en le couvrant de fumier s'il eft en plaine terre ; ou en le ferrant s'il eft en caiffe : on ne taille prefque point le Fi-guier.

La meilleure efpece de Figue eft la blanche, c'eft-à-dire celle qui a le pepin blanc.

Les Figues lâchent le ventre & nettoyent les conduits ; elles fechent, échauffent un peu, & rendent le fang mauvais : un peu de cotton trempé dans le lait du Figuier mis fur les dents en ap-paife la douleur.

Ficoïdes, * *Plante tres-rare.*

Toutes les efpeces de Ficoïdes demandent foin & culture : on les tiendra toute l'année fur cou-che, fi faire fe peut : on les plan-tera en bonne terre ; la Plante aime beaucoup la chaleur, craint fort le froid & l'humidité ; elle se cultive comme l'*Asclepias Affricana*, Aizooïdes, ci-devant page 62.

Elle n'a aucun usage en Medecine.

Filago seu Impia, * *Herbe médecinale.*

Vient assez aisément sans beaucoup de soin , veut une bonne terre & une belle exposition, se multiplie de semence & de plant enraciné.

La Plante est astringente ; l'eau distillée est bonne pour le Cancer qui vient sur les Mamelles : Voyez Dodonée *pempt.* 1. *lib.* 3. *pag.* 67.

Filicula,* *espece de Fougere.*

Il n'y a guere de bois où cette Plante ne soit en abondance.

Voyez *Adiantum* pour ses vertus, ci-devant page 33.

Filipendula, * *Plante médecinale.*

Veut un terroir gras & à l'ombre, se multiplie de semence & de plant enraciné ; la Plante est fort jolie.

La racine pousse le calcul & l'urine.

Filix, *Fougere* : *Plante médicinale.*

Cette Plante se trouvant fort communement dans les Bois ne demande culture.

La racine de Fougere est adoucissante & aperitive, un gros de racine de Fougere fait mourir les vers ; la Fougere donne beaucoup de sel, ce qui sert à faire du Verre & du Savon.

Fluvialis, * *Plante aquatique.*

Cette Plante naît dans la Seine

entre Sureſne & Séve.

Hiſtoire des Plantes des environs de Paris, page 196.

Je ne connois point les vertus
de cette Plante.

Fœniculum, *Fenoïl : Herbe*
médecinale.

Veut être planté & ſemé en
bonne terre & en belle expoſition.

La ſemence de Fenoïl chaſſe
les vents bûë dans du vin, eſt
bonne contre les morſures des
bêtes venimeuſes, & pouſſe l'u-
rine.

Les racines chaſſent les ob-
ſtruction des viſceres, & provoquent les Ordinaires.

Voyez Mathiole.

Fænum Græcum, *Fenu Grec :*
Plante médecinale.

Veut être ſemé en Mars en

bonne terre & en belle expofition.

La Plante eft annuelle.

Le Suc de Fenu Grec pris au-
dedans, décharge toutes les humeurs qui pourroient y être, lâche le ventre, & eft bon pour le
Rheume.

Fragaria , *Fraifier : Fraifes.*

Les Fraifiers tant blancs que
rouges , fe multiplient de plant
enraciné ; le nouveau plant qui
vient dans les Bois , réuffit mieux
tranfplanté que celui qui vient
des Jardins : on les plante en
planche ou en bordures , en terre
bien preparée & labourée : on les
doit efpacer de neuf à dix poûces : on les replante en May &
au commencement de Juin avant
les grandes chaleurs ; on les plante auffi en Septembre ; le Fraifier
ne dure que deux ans : on les

arrosera bien pendant les grandes chaleurs ; on ne laissera à chaque pied que trois ou quatre montants des plus forts , & on coupera les autres : on leur coupera la vieille fane quand les fraises seront finies.

Les racines & les feüilles de Fraisiers se mettent dans les ptisannes rafraichissantes ; les Fraises sont bonnes pour la Dysenterie , & appaisent la soif.

Fraxinella, *Fraxinelle : Plante médecinale.*

Veut un terroir gras & à l'abri de la bise , elle se multiplie de plant enraciné & de semence ; on l'arrosera & cultivera bien au besoin.

La Fraxinelle provoque les Ordinaires & l'urine , sert aux femmes qui sont en Travail , & est bonne contre tous poisons &

morſures de bêtes venimeuſes ;
elle entre dans la compoſition
du Theriaque.

Fraxinus , *Freſne* : *Arbre*.

Les Freſnes demandent un
Païs bas & aquatique , ne veulent point une terre ſeche ni ſa-
bloneuſe , mais graſſe & humide;
ſe multiplient de jettons.

Les feüilles de Freſne bûës en
vin ſont bonnes contre les morſures des bêtes venimeuſes , à ce
que dit Dioſcoride. Pline dit
que les ſerpens ont tant en hor-
reur le Freſne, qu'ils en fuyent
même l'ombre ; l'écorce eſt aſtringente.

Fritillaria *ou* Meleagris, *Fritillaire*: *Fleur*.

Veut une terre qui ne ſoit
point fumée , mais legere ; elle
vient de ſemence & de bulbes ;

la

la ſemence reſte trois ans dans
terre ſans lever ; elle ſera plus
ſûre dans un pot qu'en plaine
terre, parce qu'elle s'enfonce &
que l'on eſt en danger de la perdre : on ne la leve de terre que
pour en ôter le peuple qu'on replante auſſi-tôt, & cela en Juin.

On ne connoît point les vertus
de cette Fleur.

Fucus, * *Plante aquatique.*

Se trouve & ſe plaît dans les
lieux aquatiques.

Elle n'a aucune vertu.

Fumaria, *Fumeterre : Plante
medecinale.*

Vient en toute terre ſans ſoin
& ſans culture plus que l'on ne
veut.

La Fumeterre purge par les
urines, & eſt bonne pour toutes
les maladies Venerienes.

Fungus , *Champignon.*

On défait ordinairement les vieilles couches de Melons, & prend le fumier chanci pour en faire les couches à Champignons : on les fait en dos d'âne, puis on met l'épaiſſeur de trois poûces de terreau deſſus , & on les recouvre par là-deſſus de fumier ſec ; le tems de faire leſdites couches eſt au mois de Mars.

Les bons Champignons viennent ordinairement ſans ſoin ſur les bruyeres.

Les Champignons s'employent dans tous les ragoûts.

G.

Galega , * *Plante médecinale.*

Vient en bonne terre bien cultivée & en belle expoſition, de plant & de ſemence.

On prend une demi once du
fuc de *Galega* pour toutes les maladies où il y a de la peste ou du
venin : on en fait prendre aux
enfans dans leurs Convulsions.

Galeopsis , * *Plante médecinale.*

Vient en toute terre sans soin
& sans culture, de semence &
de plant.

La Plante est resolutive & a-
douciffante.

Gallium , *Caille-lait* : *Plante*
médecinale.

Il n'y a rien de si commun que
cette Plante.

Elle est vulneraire & deterfive:
le firop fait avec le fuc de fes
fleurs est propre à provoquer les
Mois. *Tabernæmontanus* dit , que
la decoction de cette Plante est
bonne pour la Galle feche des
enfans, pourvû qu'on les en baffi-
ne fouvent.   O ij

Voyez l'Histoire des environs de Paris, page 197.

Genifta, *Geneft: Arbriffeau.*

Le commun vient de femence en terre feche & fabloneufe.

Celui d'Efpagne vient auffi en terre feche ; il doit fe replanter dés la premiere année qu'il aura été femé : on le feme en Fevrier. On aura foin de le tailler tous les ans.

Le Geneft épineux vient dans les lieux incultes & fabloneux.

L'infufion des tendrons de Geneft eft bonne pour faire paffer les urines & les ferofitez des Hydropiques.

La Conferve & l'extrait des fleurs font propres pour les maladies de l'eftomach.

Gentiana, *Gentiene* : *Plante médecinale.*

Veut être plantée en terre bien cultivée, grasse & en belle exposition; elle vient de semence & de plant enraciné : on aura soin de l'arroser souvent.

La Gentiene bûë en vin est bonne pour la morsure des bêtes venimeuses ; elle est bonne aussi pour l'inflammation des yeux, pour les douleurs de côté; elle entre dans les compositions du Theriaque.

Geranium , *Bec-de-Gruë* : *Plante médecinale.*

Les Especes qui se trouvent dans les campagnes & lieux incultes ne demandent culture, venant en toute terre de semence & de plant.

Les Especes qui viennent des

Païs étrangers demandent culture : on les plantera en bonne
terre & en belle expofition ; on
les prefervera des gelées : on les
multiplie toutes de plant enraciné, & de femence. L'Efpece la
plus belle eft celle qu'on nomme
Geranium trifte noctu olens.

Les *Geranium* font aftringents,
& font bons pour toutes fortes
d'inflammations.

Geum, * *Plante affez jolie.*

Veut être planté en lieu gras
& humide , fe multiplie de femence & de plant enraciné.

Je ne connois point les vertus
de cette Plante.

Gladiolus, *Gladiole : Plante
aquatique.*

Vient & fe plaît dans les lieux
marécageux & aquatiques.

Les Gladioles n'ont point de
vertu.

Glaucium, *Pavot cornu* : Plante
médecinale.

Vient en terre grasse & en
belle exposition, se multiplie de
semence.

Je crois la Plante annuelle.

On fait boire à ceux qui ont
le calcul, un verre de vin blanc
dans lequel on a fait infuser une
demi poigné des feüilles écrasées
de cette Plante.

Globularia, *Globulaire* : *Espece
de Bellis*.

Voyez *Bellis*, Paquerette, ci-
devant, page 76.

Glycyrrhisa, *Reglisse* : Plante
médecinale.

Veut un terroir gras & à l'ombre, elle se multiplie de jettons,
la Plante trace beaucoup.

Un chacun sçait que la racine

de Reglisse entre dans toutes les ptisannes rafraîchissantes : on en fait un Jus qui est bon pour la Toux.

Gnaphalium *.

Voyez *Elichrisum*, le Bouton d'or, ci-devant page 144.

Gramen, *Chiendant* : *Plante médecinale.*

Vient par tout sans soin & sans culture plus que l'on ne veut.

Le Chiendant est bon dans les ptisannes rafraîchissantes.

Granadilla, *Fleur de la Passion : Plante fort belle.*

Veut être plantée en lieu chaud & dans une terre bien cultivée : on aura soin de lui mettre un bâton pour la soutenir, ou bien la mettre le long d'un mur : on la multiplie de jettons,

jettons : elle craint l'Hyver.

On n'en connoît point les vertus.

Gratiola, * *Herbe médecinale.*

Aime les lieux frais & aquatiques , se multiplie de plant enraciné.

La *Gratiola* est bonne pour la Pituite & pour la Fiévre.

Grossularia , *Groseiller* : *Arbrisseau.*

Veut une terre bien grasse & bien fumée : on le multiplie de Marcottes : on le replante en Hyver en belle exposition.

Les Groseilles sont rafraîchissantes, sont propres pour éteindre l'ardeur des Fiévres, pour la bile, & pour appaiser la soif.

Guaïva , *Goyave* : *Fruit.*

La Goyave n'étant pas un Fruit de ce Païs, demande beaucoup

de foin & de chaleur : elle vient de femence & de jettons ; craint l'Hyver.

Ce Fruit fe mange dans le Païs comme les Poires, Pommes, & autres Fruits.

H.

Hæmanthus , * *Efpece de Tulipe.*

CEtte Plante étant fort belle & tres-rare , demande bien de la culture ; elle veut une terre graffe & bien expofée : on aura foin de la mettre à l'abri des gelées : on la perpétuë de fes Cayeux en Juin qu'on replantera auffi-tôt ; la Plante fleurit en Septembre avant de pouffer fes feüilles.

On n'en connoît point les vertus.

Harmala, * *Plante médecinale.*

Demande un terroir gras bien cultivé & bien exposé ; elle se multiplie de semence & de plant enraciné.

La Plante est propre pour pousser les urines, à ce que dit Galenus.

Hædera , *Lierre : Plante medecinale.*

Vient en lieux humides & ombrageux, sans culture.

La décoction de ses feüilles en vin est bonne pour toutes sortes d'ulceres, appaise la douleur de dents, provoque les mois : on fait user du Lierre dans la Coli-que nefretique, pour arrêter les inflammations, & pour provo-quer les Urines.

Hedipnois *.

Voyez *Hieracium*, ci-aprés page 178.

Hedisarum, * *Plante médecinale.*

Veut un lieu gras bien cultivé & bien exposé, se multiplie de semence & de plant enraciné.

L'*Hedisarum* est propre pour l'estomach & pour les obstructions des visceres.

Helenium, *Aunée : Plante médecinale.*

Veut un terroir gras & à l'ombre, se multiplie de semence & de plant.

Les semences d'*Helenium* sont tres-rares.

La racine d'Aunée est stomacale, diuretique, & provoque les mois : on l'employe dans la ptisanne, dans les bouillons, & dans les apozemes pour l'Aſtme, pour la vieille Toux, pour la Colique, pour l'Hydropiſie, & pour la Cakexie.

Voyez Monſieur Tournefort, page 396.

Helianthemum, * *Plante médecinale.*

Veut un terroir ſec & bien expoſé, ſe multiplie de ſemence & de plant.

L'*Helianthemum* arrête le ſang, la Dyſenterie & les Mois, guerit, mis en vin, les maux Veneriens.

Heliotropium, *Herbe aux Verrues: Plante médecinale.*

Vient ſans beaucoup de culture en toute terre & en quelque expoſition que ſe ſoit, de plant enraciné & de ſemence.

Le ſuc de cette Plante fait tomber les Poireaux, & amor-

tit les dartres vives ; elle eſt reſolutive & propre à arrêter les
Ulceres ambulants. Sa décoction chaſſe la bile & la pituite ;
elle eſt propre auſſi pour la morſure des bêtes venimeuſes.

Helleborine , * *Plante
médecinale.*

Veut un terroir gras & ombrageux, ſe multiplie de ſemence & de plant.

Je ne connois point les vertus
de cette Plante.

Helleborus , *Hellebore : Plante
médecinale.*

Le noir vient en toute terre,
inculte ou non , plus que l'on ne
veut ; il ſe multiplie de ſemence
& de plant enraciné.

Le blanc demande plus de ſoin:
on le plantera en terre graſſe
bien cultivée & en belle expoſi-

tion : on le multiplie de plant enraciné.

L'Hellebore noir chasse toutes
les humeurs , & la pituite : on
donne la purgation d'Hellebore
aux fols, melancoliques & hy-
pocondriaques.

Le blanc purge par le vomissement : la poudre de ses racines
prise par le nez fait éternuer.
Dioscoride assure que l'Hellebore blanc provoque les mois.

Hemerocalis , *Hemerocalle* : *Fleur.*

Veut un bon terroir à l'abri des
mauvais vents, & exposé beaucoup au Soleil : se perpetuë de
ses petits en Juin, qu'on replantera aussi-tôt.

L'Hemerocalle n'a aucune vertu en Medecine.

Hemionitis, *Emionite : Plante medecinale.*

Voyez *Lingua Cervina*, Langue de Cerf, ci-aprés, lettre L.

Hepatiqua, *Hepatique : Fleur.*

Se plaît en terre graſſe & à l'ombre : il y en a de deux eſpeces, de doubles & de ſimples ; les doubles & les ſimples ſe ſubdiviſent encore, il y en a de rouges, de bleuës & de blanches ; elles ſe cultivent toutes de la même façon : on les multiplie de plant enraciné en Septembre ; elles fleuriſſent l'Hyver.

La Plante eſt aſtringente, & eſt bonne pour toutes les maladies de l'eſtomach.

Herba Paris, * *Plante médecinale.*

Veut un terroir gras & à l'ombre , ſe multiplie de ſemence & de plant enraciné.

Baptiſte Sardus aſſure qu'elle eſt bonne pour la Manie ; il ordonne une demie cuillerée de la poudre de cette plante priſe à jeun pendant vingts jours ; voyez Dodonée *pempt.* 3. *lib.* 4. *pag.* 444. Elle eſt ſouveraine pour le Panaris ; l'eau diſtillée guerit l'inflammation des yeux.

Herniaria , *Herniole, ou Herbe du Turc : Plante médecinale.*

Veut un lieu gras & à l'ombre, ſe multiplie de ſemence & de plant enraciné.

L'eau d'Herniole diſtillée ou miſe en cataplaſme eſt bonne pour les Deſcentes : on s'en ſert dans la retention d'urine.

Heſperis , *Juliene : Fleur.*

Il y a pluſieurs eſpeces de Julienes, toutes tres-belles & tres-curieuses : les doubles sont plus belles que les simples. Il y en a de toutes blanches, de toutes violettes, de toutes rouges & de pannachées de toutes ces couleurs : on les plantera en terre grasse bien préparée & en belle exposition : on les multiplie de boutures en Septembre aprés que la fleur est passée : on les replante en Mars ; les grands froids leurs sont contraires.

On n'en connoît point les vertus.

Hieracium, * *Plante médecinale.*

Toutes les especes d'*Hieracium* veulent un lieu temperé, viennent en toute terre, se multiplient de semence & de plant enraciné.

Tous les *Hieracium* sont froids & astringents : on s'en sert dans les inflammations de poitrine,

& contre la morsure des bêtes venimeuses.

Hippocastanum, *Maronier d'Inde: Arbre.*

Veut être planté en bonne terre & en belle exposition : on le seme en Septembre, pour être replanté cinq ans aprés : on le plante ordinairement sur des terrasses & dans les lieux où l'on veut du couvert.

Il n'a aucune vertu en Médecine.

Holosteo affinis *.

Se plaît & se trouve dans les lieux où les eaux ont croupi pendant l'Hyver.

L'Histoire des Plantes des environs de Paris, page 471.

On n'en connoît point les vertus.

Hordeum, *Orge : Grain.*

Doit être semé en terre maigre & seche, & non en terre grasse, parce qu'il les amaigrit : on le seme ordinairement en Avril.

L'Orge est tres-dur à digerer, & est tres-mauvais pour l'estomach : on en met quelquefois dans les ptisannes nourrissantes.

L'Orge sert le plus aux Brasseurs pour faire la biere.

Horminum, *Orvalle : Plante médecinale.*

Vient en toute terre, veut être souvent arrosée, se multiplie de plant enraciné & de semence.

L'Orvalle est bonne pour provoquer les mois. Mizaldus dit que la semence d'Orvalle est bonne pour les yeux : on en fait un breuvage avec du miel & de l'eau qui est rafraîchissant.

Hyacinthus, *Jacinthe : Fleur.*

Les Jacinthes, tant bluës que blanches, se plantent en bonne terre bien preparée & bien exposée en Octobre : on les leve de terre en May, pour en ôter le peuple & pour les garder, de peur qu'elles ne pourrissent en terre.

Hyacinthus Indicus, Tuberosa vadice, *Tubereuse.*

La Tubereuse est une espece de Jacinthe ; elle demande plus de culture : on la plantera sur couche en Mars, & on la tiendra chaudement pendant tout l'Esté : on la couvrira de paille, de peur que le Soleil ne brûle l'Oignon ; elle ne fleurit ici que la premiere année : on en apporte tous les ans de Nice que l'on achette & que l'on plante, & on les jette quand elles ont porté, n'étant plus bonnes à rien.

Les Jacinthes ne sont propres que pour l'odeur & la curiosité.

Hydrocotile *.

Cette Plante aime les lieux ombrageux & aquatiques; se multiplie de plant.

On n'en connoît point les vertus.

Hydropiper, *Poivre d'eau.*

Voyez *Persicaria*, Persicaire, ci-aprés, lettre P.

Hyosciamus, *Jusquiame, ou Hannebane: Plante medecinale.*

Vient par tout sans soin plus que l'on ne veut, se multiplie de semence & de plant enraciné.

Les Especes que Monsieur Tournefort a apportées de ses

voyages, veulent une bonne terre bien cultivée & bien de la cha-leur : on les multiplie de femence fur couches, craignent l'Hyver.

La Jufquiame eft tres-affoupif-fante, refolutive & adouciffante, Helidæus faifoit grand cas de fa femence, & la mettoit avec la Conferve de Rofe pour le cra-chement de fang. Tragus affure que le fuc de Jufquiame, ou l'huile faite par infufion avec fes graines, guerit la douleur d'o-reille fi on la feringue dans ces parties : pour les Engelures des mains on les expofe a la fumée des graines de Jufquiame que l'on fait brûler fur des charbons: on preffe les doigts, & l'on fait fortir la limphe qui s'y étoit ex-travafée & épaiffie.

Voyez Monfieur Tournefort, page 201.

Hypericum, *Millepertuis : Plante médecinale.*

Veut une terre fabloneufe, fe feme en Mars.

Le Millepertuis pouffe les urines & provoque les Mois : on en fait une huile fouveraine pour les bleffures. Le Millepertuis entre dans la compofition du Theriaque.

Hypoxilon *.

Cette-Plante n'eft qu'un excrement qui naît fur le bois pourri.

Hyffopi folia *.

Veut un terroir gras, humide & prefque aquatique, fe multiplie de plant enraciné.

On n'en connoît point les vertus.

Hyffopus,

Hyssopus, *Hyssope : Herbe de bonne odeur & médecinale.*

Veut une terre qui ne soit ni grasse, ni fumée, bien exposée au Soleil : on la seme & plante au Printems, on la coupe en Automne.

L'Hyssope est bonne pour les maladies du poulmon, pour les obstructions des visceres, pour pousser les urines, & pour la Chaudepisse.

I.

Jacea, *Jacée : belle Plante*

TOutes les Jacées sont tres-curieuses : il y en a des especes plus belles les unes que les autres ; celles qui viennent des Païs étrangers demandent plus de soin & de culture : on les plantera en bonne terre & en belle

Q

expofition ; elles fe multiplient de femence & de boutures fur couche ; elles craignent l'Hyver: celles qui font communes dans nos campagnes ne demandent pas tant de culture : on les plantera en terre moyenne : on les multiplie de femence.

Les Jacées n'ont point de vertu en Médecine.

Jacobea, *Jacobée.*

Voyez *Jacea*, Jacée, ci-devant, page 185.

Dodonée dit que la Jacobée eft vulneraire, deterfive & propre pour les maux de gorge.

Jalapa, *Jalap, ou Belle-de-nuit, Fleur.*

On feme cette Fleur en Mars fur couche : on la replante en bonne terre & en belle expofition ; elle fleurit en Automne.

Il y en a de plusieurs couleurs; les pannachées sont les plus cu-rieuses.

La Plante est annuelle.

Je n'en connois point les vertus.

Jasminum, *Jasmin : Arbrisseau.*

De tous les Arbrisseaux les Jasmins sont les plus estimez, à cause de l'odeur de leur Fleur ; il y en a plusieurs especes, toutes tres-belles & tres-curieuses , & craignant toutes l'Hyver ; le Jas-min commun n'est pas si difficile que les autres ; il se multiplie de boutures en bonne terre & à l'ombre en Mars. Le Jasmin d'Es-pagne ne s'éleve point ici „ les Provençaux les apportent tous les ans avec les Orangers : on les plantera sur couche la premiere année, pour leur aider à pren-dre racines : on prendra garde

qu'ils n'ayent été trempez dans
la Mer : on les taillera tous les
ans, en coupant les branches qu'ils
pouſſent tout contre la Greffe ;
le Jaſmin Jonquille & celui des
Aſſores qui ſont les plus rares ſe
cultivent de même : on les multiplie de Marcotte en Avril : on
les plante en bonne terre & en
belle expoſition : on les pourra
mettre ſur couche pour les faire
mieux fleurir.

On ſe ſert des Fleurs de Jaſmin
pour faire des Eſſences.

Ilex , *Cheſne verd* : *Arbre.*

Pour ſa culture , voyez *Abies*
Sapin , page 1.

On ne ſe ſert point de cet Arbre
en Médecine.

Imperatoria , *Imperatoire* : *Plante*
médecinale.

Veut un terroir gras & à

l'ombre, se multiplie de semence & de plant enraciné.

La racine de cette Plante est sudorifique : il faut la faire infuser dans du vin, & sur trois onces de cette infusion, il faut mêler une once de vinaigre squilitique, faire boire ce mêlange, & couvrir le malade.

Histoire des Plantes des environs de Paris, page 342.

La Plante dont je parle est l'Angelique sauvage de tous les Auteurs.

Impia *.

Voyez *Filago*, ci-devant, p. 155.

Iris, *Flambe : Fleur.*

Toutes les Especes d'*Iris* veulent une bonne terre & une belle exposition, exceptez la commune qui vient de son bon grez sur les murs & les chaumieres ; ils se multiplient d'eux-mêmes plus que l'on ne veut.

De toutes les especes d'*Iris* on ne se sert en Médecine que du commun ; il est bon pour la Toux, & pour la difficulté de respirer : on le fait prendre dans du vin pour provoquer les Mois : on s'en sert aussi dans les maladies du foye & contre les morsures des bêtes venimeuses.

Isatis , *Gaude, ou Pastel : Plante médecinale.*

Veut une terre forte, se multiplie de semence & de plant enraciné

Les feüilles de Pastel mises en cataplasme font resoudre les Tumeurs, & consolident les Playes, étanchent le Flux-de-sang, guerissent le Feu-sauvage & les Ulceres qui courent par tout le corps.

Juncus, *Jonc.*

Vient dans les lieux aquatiques & humides.

Le Jonc n'a aucune vertu en Médecine.

Juniperus, *Genevrier : Arbre.*

Ne demande culture, étant fort commun dans les Bois.

Le Geniévre est bon pour l'estomach, pour dissiper les vents, pour les tranchées, pour le poulmon, pour provoquer les Ordinaires, & pour faire passer les urines.

K.

Kali, Soude.

LA Soude vient de semence en bonne terre & en belle exposition.

La Plante est annuelle.

On ne s'en sert point en Médecine.

Ketmia *.

Toutes les especes de *Ketmia* damandent un terroir chaud & & bien exposé : on les multiplie de semence en Mars sur couche.

Presque tous les *Ketmia* sont annuels, & n'ont aucune vertu.

L.

Lachrima Jobi, *Larme de Job : Plante fort jolie.*

SE seme sur couche en Mars pour être replantée en bonne terre & en belle exposition sur la fin d'Avril.

La Plante est annuelle.

On ne s'en sert point en Médecine : on se sert seulement de ses semences pour faire des Chapelets.

Lactuca,

Lactuca , *Laituë : Plante medecinale.*

On seme les Laituës en differents tems, pour en avoir dans toutes les saisons ; les premieres se sement à la fin de Janvier sous cloches & sur couches : on les replantera quand elles seront assez fortes pour les faire pommer sur couches & sous cloches : on en semera en Avril, May, & en Juin, pour en avoir de plus tardives : on les peut semer en plaine terre, elles n'en vaudront que mieux. Les Laituës Romaines, qu'on nomme Chicons, seront liées pour blanchir & pour pommer : on les semera & plantera en terre bien amendée, bien labourée, & en belle exposition; les pluies & les froids sont contraires aux Laituës : on en plantera de quinze jours en quinze

R

jours, parce qu'elles font de peu de durée, & qu'elles montent en graine tres-promptement : on prendra garde que les limaçons ne les mangent.

Il y de deux fortes de Laituës ; l'une que l'on appelle Sauvage, & celle que l'on cultive dans les Jardins.

La Sauvage s'employe en Médecine pour appaifer la trop grande agitation des humeurs, pour rendre le ventre libre, & pour augmenter le lait aux nourrices.

L'ufage trop frequent de Laituë, débilite la chaleur n'aturelle, caufe la fterilité & affoiblit l'eftomach ; elle provoque auffi le fommeil ; la femence de Laituës a autant de vertus que la Plante même.

Voyez le Traité des Aliments de Lemery, page 124.

Lamium , *Lamier :* *Herbe*

Veut un terroir sec & pierreux, se multiplie de semence & de plant enraciné.

Le Lamier est bon pour résoudre les Tumeurs, pour la Cangrene , & pour les Chairs pourrissantes ; les Fleurs du Lamier font bonnes pour arrester les Fleurs blanches des femmes.

Lamsana , * *Plante médecinale.*

Vient en tous terroirs cultivez ou non , de semence & de racines.

Dioscoride assûre que cette Plante est bonne pour l'estomach.

Lapathum , *Patience :* *Herbe médecinale.*

Se plaît & se trouve dans les lieux frais, gras & presque aqua-

tiques : on la multiplie de semence & de plant enraciné.

La Patience est bonne dans
les boüillons & les ptisannes aperitives ; elle est bonne pour l'E-
bullition de sang , pour l'Eresipele, pour la petite Verole , pour
la Galle , & pour les Ulceres des
jambes.

Larix , *Melese : Arbre.*

Cet Arbre est tres-rare & tres-
curieux : il y en a un au Jardin
Royal ; je le crois seul en France : on ne sçait comment multiplier cette Arbre , ne portant
point de semence. Vitruve assure que le bois de Melese est in-
combustible. Mathiole assure le
contraire ; je le crois plûtôt que
l'autre.

Il coule une Resine de cet
Arbre que quelques uns ont mêlé dans la Terebenthine.

Laſerpitium, * *Plante médecinale.*

Demande un terroir gras bien cultivé & une belle expoſition, on le multiplie de ſemence & de plant enraciné.

La racine & les feüilles de *Laſerpitium* échauffent beaucoup; elles ſont bonnes auſſi pour réſoudre & pour amollir.

Lathyrus, *Geſſe* : *Fleur.*

Preſque toutes les eſpeces de *Lathyrus* ſont annuelles : on les ſemera ſur couche chaude en Mars, & on les replantera en bonne terre & en belle expoſition. La Plante eſt tres-belle dans un Parterre.

On ne s'en ſert point en Médecine.

Lavandula , *Lavande : Plante de bonne odeur & médecinale.*

Veut un terroir sec & bien exposé au Soleil, se multiplie de semence ; les Especes qui viennent des Païs étrangers craignent l'Hyver ; on les seme sur couche & sous cloches ; on les tient le plus chaudement que l'on peut.

La Lavande est tres-bonne pour les maux de tête , & pour dissiper les humeurs.

Laureola , *Laureole : Arbrisseau.*

Vient en terre grasse & à l'ombre, se multiplie de semence & de jettons.

Le Laureole provoque le vomissement & les Mois des femmes : on s'en sert pour chasser la Pituite, pour faire éternuer, & pour purger : on en usera moderement, trois ou quatre feüilles de sa Plante suffisent.

Lauro Cerasus, *Laurier Cerise : Arbrisseau.*

Veut être planté en terre grasse & bien cultivée : on le met ordinairement en Palissade : on le multiplie de Marcottes.

Je n'en connois point les vertus.

Laurus, *Laurier : Arbre.*

Les Lauriers se plaisent assez à l'ombre & dans un lieu humide : on le multiplie de semence & de Marcottes. Quand les Hyvers sont rudes il faut avoir soin de les couvrir.

Les feüilles sont bonnes pour les Rhumatismes, pour les Fluxions, pour les morsures des bêtes venimeuses, poussent les urines, & provoquent les Mois des

femmes : on s'en fert dans toutes
les Sauffes & dans tous les Ragoûts.

Laurus Regia, *Laurier Royal :*
Arbre.

Pour fa culture, voyez *Auran-*
tium, ci-devant page 69.
On n'en connoît point les vertus.

Lens, *Lentille : Aliment.*

Se feme en Mars en terre bien
preparée & en belle expofition.
Les Lentilles font des Legu-
mes fort ufitez dans le Carême ;
elles refferrent&appaifent le trop
grand mouvement des humeurs.
La decoction de Lentilles lâche
le ventre.
Monfieur Lemery dans fon
Traité des Aliments, page 100.

Lentibularia , * *Plante aquatique.*

Se trouve & se plaît dans les eaux.

La Plante n'a aucune vertu.

Lenticula , * *Plante aquatique.*

Naît dans les Marais & eaux croupies.

Elle est bonne pour les inflammations & pour l'Eresipele.

Lentiscus , *Lentisque* : *Arbre rare & curieux.*

Veut être planté en bonne terre & en belle exposition : on le multiplie de semence en Mars sur couches & sous cloches, & de Marcottes en Avril : on aura soin de le preserver des rigueurs de l'Hyver.

Dodonée dit que le Mastic sort du Lentisque, & qu'on le doit ramasser vers les Vendanges.

Les feüilles du Lentisque sont astringentes.

La decoction de ses feüilles est bonne pour consolider les Playes & pour provoquer l'urine.

Leonurus, *Queuë de Lion :* *Arbrisseau tres-rare.*

La Queuë de Lion est une des plus belles Plantes que nous ayons des Païs étrangers ; elle demande aussi beaucoup de soin, & de culture : on la plantera en terre bien preparée & en belle exposition : on la serrera pendant l'Hyver : on la multiplie de boutures en May.

Elle n'a aucune vertu.

Lepidium, *Passe-rage : Plante* *médecinale.*

Vient en toute terre, cultivée ou non cultivée, en toute exposition ; on la multiplie de semence & plant enraciné.

Cette Plante est anti-scorbutique, stomacale, & propre pour l'affection hypocondriaque: on en tire pour cela une teinture avec l'Esprit de vin, ou l'on en fait boire la ptisane : on pile aussi la racine de Passe-rage avec du beurre, & on l'applique sur les endroits où la goute se fait sentir.

Voyez Monsieur Tournefort dans son Histoire des Plantes, page 344.

Leucanthemum, *Marguerite:*
Fleur.

Voyez *Bellis*, Paquerette, ci-devant, page 76.

Leucoïum, *Geroflier : Fleur.*

Les Geroflées demandent une terre bien labourée, legere & bien exposée : on les seme en

Mars fur couche, & on les replante en Juillet ; il faut les preferver de l'Hyver ; les doubles ne portent point de graines : on feme les fimples pour en avoir de doubles ; quelques-uns difent qu'on doit les femer en pleine Lune , & qu'elles réuffiffent mieux.

De toutes les efpeces de Geroflées on ne fe fert ordinairement en Médecine que de la jaune, qui croît ordinairement fur les murs, on fe fert de fes Fleurs pour faire paffer les urines, & defopiler les vifceres ; fon infufion provoque les mois, guerit les pâles couleurs, & eft bonne pour la Paralifie.

Lichen, *Efpece de Mouffe : Plante médecinale.*

Les efpeces differentes de cette Plante fe trouvent fur les Arbres & dans les lieux humides.

Dioscoride assûre que le Lichen est bon pour arrêter le Flux de sang, & pour toutes sortes d'inflammations.

Ligusticum, *Livesche : Plante medecinale.*

Veut un terroir gras & humide, se multiplie de semence & de plant enraciné.

La racine de cette Plante desséchée & buë dans du vin blanc pousse par les sueurs, provoque les Mois & les Urines : on s'en sert aussi pour la morsure des bêtes venimeuses.

Ligustrum, *Troesne : Arbrisseau.*

Ne demande culture, étant tres-commun dans les Bois & dans les lieux incultes.

Le Troesne est bon pour le crachement de sang, pour les

maux de gorge, pour les Brûlures, pour deſſecher les Ulceres,
& guerir les Inflammations des
yeux : on s'en ſert auſſi pour les
Hemorragies.

Lilac, *Lilas* : *Arbre.*

Vient en toute terre ſans beaucoup de culture, veut cependant
une belle expoſition : on le multiplie de Jettons en Octobre.

On n'en connoît point les vertus.

Lilio Aſphodelus, *Lis Aſphodele:* *Fleur.*

Veut un terroir gras bien cultivé, & une belle expoſition :
on le multiplie de plant enraciné
en Septembre.

Je n'en connois point les vertus.

Liliastrum, *Lis Saint-Bruno :*
Fleur.

Le Lis Saint-Bruno n'est pas
commun à Paris, aussi demande-
t-il culture : on le plantera en
bonne terre & en belle exposition : on le multiplie de plant que
l'on relevera tous les ans.

Il craint l'Hyver, & n'a aucune vertu.

Lilio Narcissus: *Lis Narcisse:*
Fleur tres-rare.

Les Lis Narcisses ne font pas
communs en France : on les cultive de même que le Lis Saint-
Bruno ci-dessus.

On ne connoît point leurs vertus.

Lilium, *Lis : Fleur.*

Les Lis se plaisent en bonne

terre & en belle expofition : on
les multiplie de leurs Cayeux en
Septembre , qu'on replantera
auffi-tôt : on ne leve les Lis de
terre que pour les multiplier.

Diofcoride affûre que les feüil.
les de Lis mifes en cataplafme
gueriffent les morfures des bêtes
venimeufes ; les Oignons pris
interieurement provoquent les
Mois , mis en cataplafme fortifient les nerfs ; mis avec du vinaigre, des feüilles de Jufquia.
me & de la farine de Froment en
cataplafme gueriffent les Inflammations des Tefticules : On fe
fert des Lis pour faire fuppurer
les Playes.

Lilium Convallium , *Muguet*;
Plante médecinale.

Le commun ne demande pas
beaucoup de culture, fe trouvant
par-tout dans les Bois ; celui qui a

la Fleur double demande culture:
on le plantera en bonne terre &
en belle expofition : on le multiplie de plant enraciné.

Les racines & les fleurs du Muguet font éternuer.

L'eau des fleurs de Muguet
diftillée, eft bonne pour l'Apoplexie : on s'en fert auffi pour le
mal des yeux, pour les maux de
cœur, pour la Paralifie, & pour
la Goutte.

Limon, *Limonier* : *Arbre*
tres-beau.

Se replante au Printems, vient
de femence dans une terre noire
& bien graffe ; on les relevera
le moins que l'on pourra : on
l'arrofera fouvent ; le lieu où il
fera doit être bien expofé au Soleil & à l'abri des mauvais vents;
on aura foin de les ferrer l'Hyver ; pour le refte, voyez *Auran-*

tium, Oranger, ci - devant page
69.

Limonium, * *Plante assez rare.*

Veut être plantée en terre
grasse bien cultivée & bien exposée, se multiplie de boutures,
de semence , & de plant enraciné.

On n'en connoît point les
vertus.

Linagrostis, * *Plante aquatique.*

Se plaît & se trouve dans les
lieux aquatiques & marécageux.

On n'en connoît point les
vertus.

Linaria, *Linaire : Plante
médecinale.*

La Linaire vient par tout sans
soin & sans culture, de semence
& de Plant enraciné.

L'Onguent de Linaire est bon

pour les Hemorroïdes. Le suc &
l'eau diſtillée de cette Plante ſont
propres pour l'inflammation des
yeux, pour la Jauniſſe, pour le
Cancer, pour les Fiſtules, & pour
l'Ereſipele.

Voyez l'Hiſtoire des Plantes
des environs de Paris, page 23.

Linum, *Lin : Plante médecinale.*

Se ſeme en Mars en terre graſſe
& humide.

On ſe ſert de la ſemence de
Lin pour amollir les duretez,
pour la Colique & pour la Pleu-
reſie ; un chacun ſçait qu'on ſe
ſert du Lin pour faire de la
Toile.

Lingua Cervina, *Scolopendre, ou
Langue - de - Cerf : Plante
médecinale.*

Vient dans les lieux humides
& pierreux, ſe multiplie de plant

enraciné : on la trouve ordinairement dans les puits.

La Scolopendre est un des quatre Capillaire : sa decoction sert pour les duretez de ratte : on s'en sert aussi pour les Fiévres quartes.

Lithospermum, *Gremil, ou Herbe aux Perles : Plante médecinale.*

Veut une terre grasse bien cultivée & une belle exposition, se multiplie de semence & de plant enraciné.

On s'en sert pour pousser les urines & le calcul.

Lonchitis, *Lonchite : Plante médecinale.*

Voyez *Filix*, Fougere, ci-devant page 156.

Lotus, *Lotier: Plant assez jolie.*

Vient en terre bien grasse &

bien cultivée , se multiplie de semence en Mars sur couche & sous cloches ; les Especes étrangeres demandent bien de la chaleur , & craignent l'Hyver.

On n'en connoît point les vertus.

Lunaria , *Lunaire* : *Plante médecinale.*

Veut une terre bien cultivée & une belle exposition ; se multiplie de semence & de plant enraciné.

Toute la Plante broyée & prise interieurement est bonne pour les Dysenteries.

Lupinus , *Lupin* : *Fleur.*

Les Lupins se sement en May en terre legere & en belle exposition.

La Plante est annuelle.

On s'en sert pour engraisser les bestiaux.

Lupulus , *Houblon : Planté
médecinale.*

Vient par tout fans foin & fans
culture de plant enraciné.

On fe fert des tendrons & des
têtes de Houblon pour purifier
le fang , dans le Scorbut, dans les
Dartres , & dans toutes les maladies de la peau ; le Houblon
provoque les Ordinaires & l'u-
rine ; un chacun fçait que la Fleur
fert pour faire de la bierre.

Luteola , *Herbe à jaunir :
Plante médecinale.*

Vient dans les lieux incultes
& pierreux , de femence.

On croit que l'Herbe à jaunir
a la même vertu que l'*Ifatis* : on
s'en fert pour teindre en jaune.

Lychnis , * *Plante fort commune.*

Toutes les Efpeces de cette

Plante ne demandent pas grande culture : on les multiplie de semence & de plant enraciné.

Les Croix de Jerusalem & les Jacées, que les Fleuristes connoissent sous ce nom, sont des *Lichnis*: on les plantera en bonne terre & en belle exposition : on les multiplie de plant enraciné.

Ses vertus ne sont point connuës.

Lycoperdon , *Vesse-de-Loup.*

Vient sans soin sur les Bruyeres & lieux incultes en Septembre & Octobre.

On se sert de la poudre qui sort des Vesses-de-Loup pour arrêter le sang dans toutes sortes d'Hemorragies.

Lycopersicon *.

Se seme sur couche en Mars, & se replante en Avril en bonne

terre & en belle expofition ; les Pommes d'Amour font fous ce genre.

La plante eft vulneraire.

On n'en connoît point les vertus.

Lycopus *.

Voyez *Marrubium*, Marube, ci-aprés, lettre M.

Lyfimachia, *Lyfimachie* : *Plante médecinale.*

Vient de plant enraciné & de femence en toute terre, fans foin & fans culture.

On s'en fert pour arrêter le Flux des femmes, pour les Dyfenteries, & pour toutes fortes d'Hemorragies.

Majorana,

M.

Majorana , *Marjolaine : Plante médecinale de bonne odeur.*

LA Marjolaine se plaît en terroir sec & bien exposé : on la multiplie de semence , de plant enraciné , & de boutures en Avril ; on la replante en Juin : l'Hyver lui est contraire.

La Marjolaine est cephalique, fortifie les nerfs, est propre pour l'Epilepsie , l'Apoplexie , & les autres maladies du cerveau ; elle chasse les vents, & est resolutive & vulneraire.

Malva, *Mauve : Herbe médecinale.*

Se seme avant l'Hyver en terre grasse & humide , se replante en Avril.

La Mauve a les mêmes vertus

que l'*Althea* , Guimauve, ci-devant page 40.

Malus, *Pommier : Arbre fruitier.*

Veut être planté en terre noire, graſſe & humide, en belle expoſition ; ſe greffe pour porter fruit ſur Coignaſſier ou ſur Franc.

Les Pommes ſont pectorales ; elles appaiſent la Soif & la Toux ; elles lâchent le ventre : les cuites ſont à preferer aux cruës, parce qu'elles ſont plus aiſées à digerer.

Mandragora, *Mandragore : Plante médecinale.*

La Mandragore tant mâle que femelle , ſe plaît dans un lieu chaud & dans un terroir gras ; on l'arroſera ſouvent : on la multiplie de plant enraciné & de ſemence.

Un chacun ſçait que la Man-

dragore est somnifere : on l'employe pour cela de cette façon :
on prend du jus de Pavot, de
Mandragore, de Cigue, & de la
semence de Jusquiame, que l'on
incorporera dans de la lie de vin,
on en formera des petites pelottes que l'on fera secher au Soleil :
on pourra mettre dans chaque
pelotte un grain de Musc, pour
ôter la mauvaise odeur de la
Mandragore : on mettra une de
ces pelottes en se couchant sous
son chevet, ou on la tiendra dans
sa main.

Marrubium, *Marrube, Plante
médecinale.*

Vient dans les lieux incultes
& pierreux, se multiplie de plant
enraciné & semence.

On employe le Marrube dans
les obstructions du foye & de la
ratte : on s'en sert aussi pour pro-

voquer les Mois ; il eſt fort propre pour les Aſthmatiques , &
pour ceux qui ont la Jauniſſe.

Marum , * *Plante de bonne odeur
& médecinale.*

Cette Plante demande beaucoup de chaleur & de culture ;
on la plantera en bonne terre &
en belle expoſition : on la multiplie de boutures , de marcottes ,
& de ſemence en Avril ; la ſemence degenere ordinairement,
ce que j'ai vû par experience.
Les chats ſont contraires à cette
Plante , vû qu'ils la mangent &
la détruiſent entierement : on la
met ordinairement dans une cage grillée , où ils ne puiſſent ap-
procher.

Les froids lui ſont contraires.

Pour ſes vertus, voyez *Majorana*, Marjolaine, ci-devant page
217.

Matricaria, *Matricaire : Plante médecinale.*

Vient en toute terre sans beaucoup de culture : on la multiplie de semence & de plant enraciné en Mars.

La Matricaire appaise la douleur des dents, chasse la Pituite, provoque les Mois : on s'en sert aussi pour les suffocations de Matrice.

Mays, *Bled de Turquie.*

Se seme en Mars en terre bien preparée & bien exposée.

La Plante est annuelle.

On ne s'en sert point en Médecine.

Medica, *Luzerne : Plante médecinale.*

Vient par tout dans les campagnes, sans soin & sans culture.

La Plante eſt annuelle.

Dodonée dit que la Luzerne eſt rafraîchiſſante.

Melampirum , *Bled de Vache.*

Pena & Lobel, croyent que le Bled mal conditionné produit cette Plante.

La Plante eſt fort commune dans les campagnes.

On n'en connoît point les vertus.

Melianthus , *Melianthe : Plante*
tres-rare.

Demande une bonne terre bien preparée & une belle expoſition: on la perpetuë de plant enraciné ; elle craint l'Hyver : on ne la voit guere fleurir en ces Païs.

On n'en connoît point les proprietez.

Melilotus , *Melilot : Plante*
médecinale.

Vient en toute terre , cultivée
ou non ; veut être souvent arrosé ;
se multiplie de semence en Mars.

La Plante est annuelle.

Cette Plante est aperitive , resolutive , & adoucissante : la ptisanne faite avec ses sommitez &
celles de Camomille est excellente dans les inflammations du
bas ventre , dans la Colique,
dans la Retention d'urine & dans
le Rhumatisme.

Voyez l'Histoire des Plantes
des environs de Paris , page 118.

Melissa , *Melisse : Plante de bonne*
odeur & médecinale.

La Melisse se plaît plûtôt dans
les Bois que dans les Jardins ,
parce qu'elle y degenere ; elle
se seme en terre grasse & bien

amendée, où l'ardeur du Soleil
ne donne pas beaucoup ; elle se
multiplie aussi de plant enraciné.

Dioscoride assûre que la Meli-
ce bûë en vin est bonne pour les
morsures des bêtes venimeuses ;
qu'elle provoque les Mois; qu'elle appaise la douleur des dents, &
qu'elle resiste au poison : on en
distille une eau qui est excellente pour l'Apoplexie , & qui réjoüit le cœur.

Melo, *Melon: Fruit Potager.*

Les Melons doivent être élevez sur couches , sous cloches,
& en belle exposition sur la fin
de Janvier, de cette façon.

On fera des couches de la
hauteur de trois pieds sur quatre
pieds de large , de sorte qu'il y
puisse tenir quatre rangées de
cloches : quand la couche sera

échauffée on la couvrira de
terreau, puis on fera six trous
sous chaque cloche; dans chaque trou on mettra trois graines
de Melon, puis on les recouvrira & on les entretiendra chaudement par le moyen des re-
chauffements, jusqu'à ce qu'ils
soyent assez forts pour être replantez, ce qui se fait ordinairement à la my Mars : comme
les nuits sont froides dans ce
tems, & qu'il gele ordinairement, on les couvrira avec des
paillassons ou fumier sec d'abord
que le Soleil ne paroîtra plus, &
on ne les découvrira que quand
il paroîtra; en les replantant on
n'en mettra qu'un pied sous une
cloche : on aura soin de faire des
fourchettes pour élever les cloches, pour qu'ils puissent s'éten-
dre, & qu'ils ayent de l'air : on
ne leur laissera au plus que trois

bras qui porteront fruit.

Les premiers Melons commencent à noüer dans le premier quartier ou à la pleine Lune de May : on connoît que les Melons noüent, quand au sortir de la fleur ils s'éclaircissent un peu prés de la queuë : on les arrosera raisonnablement deux ou trois fois la semaine : on leur ôtera les cloches sur la fin de Juin ; un pied de Melon ne doit pas porter plus de trois fruits.

Le Melon rafraîchit & humecte, il excite l'urine, il appaise la soif & donne de l'appetit : on n'en mangera cependant qu'avec moderation, car il est venteux & fiévreux ; il cause souvent des Dysenteries.

Melocactus, *Tête à l'Anglois.*

Cette Plante demande beaucoup de soin & de chaleur : on

en avoit apporté des Indes O-
rientales en 1699. qui sont peries faute de soin. Je ne crois
point que cette Plante soit en
France.

On n'en connoît point les
proprietez.

Melongena, *Melongene, ou Maye-
ne : Fruit étranger.*

Toutes les especes de Melon-
gene veulent être semées sur
couches en Mars, pour être replantées en bonne terre & en
belle exposition sur la fin d'A-
vril.

La Plante est annuelle.

On en mange le fruit dans plusieurs Païs où ils naissent, à ce
que rapportent Bellonius & Her-
molaus Barbarus.

Melopepo, * *espece de Callebasse.*

Voyez *Cucurbita*, ci-devant, page 130.

Mentha, *Menthe Baume : Plante medecinale & de bonne odeur.*

Voyez *Cataria*, Herbe aux chats, ci-devant, page 102.

On tire une huile de la Menthe qui est excellente pour toutes sortes de blessures.

Menianthes, * *Plante médecinale.*

Pour sa culture, voyez *Medica*, Luzerne, ci-devant, page 221

On s'en sert pour la Goutte, pour le Scorbut, pour l'Hydropisie, & pour la Cakexie.

Mercurialis, *Mercuriale, Plante médecinale.*

Vient plûtôt dans les Vignes

que dans les Jardins; elle vient
de ſemence & de plant.

Pour l'Hydropiſie, la Cakexie, les Vapeurs, & les Pâles couleurs: on fait boire l'eau dans laquelle elle a maceré à froid
pendant vingt-quatre heures: on
ſe ſert de cette Plante pour la
ſuppreſſion des Mois.

Voyez l'Hiſtoire des Plantes
des environs de Paris, page 213.

Meſpilus, *Neſlier: Arbre fruitier*
Agreſte.

Ne demande culture, venant
dans les Bois; pour en avoir des
fruits plus gros & meilleurs: on
le greffe ſur l'Aube-Epine.

Les Neſles ſont aſtringentes &
aperitives, elles arrêtent le cours
de ventre, elles fortifient l'eſtomach, & appaiſent le vomiſſe-
ment.

Meum, * *Plante médecinale.*

Veut une terre graſſe & humide qui ne ſoit pas expoſée au Soleil, elle ſe multiplie de ſemence & de plant.

La racine de *Meum* macerée à froid dans de l'eau & bûë, eſt ſouveraine pour provoquer l'urine, pour les obſtructions des reins & de la veſſie, & pour chaſſer les vents.

Milium, *Millet : Grain.*

Se ſeme en Mars en terre bien preparée & à l'ombre, quelques-uns diſent que la Forêt d'Orleans eſt pleine de Millet.

La Plante eſt annuelle.

On ſe ſert du Millet pour adoucir & détruire les acretez de la poitrine. Un chacun ſçait qu'on le donne à manger aux petits oiſeaux & aux petits pouſſins, pour les élever.

Millefollium , Millefeüille : Plante medecinale.

Le commun vient plus que l'on ne veut, ſans ſoin & ſans culture, en toute terre & en quelque expoſition que ſe ſoit.

Les belles eſpeces que Monſieur Tournefort a apporté de ſes Voyages demandent culture : on les plantera en bonne terre & en belle expoſition : l'Hyver leur eſt contraire : on les multiplie de ſemence en Avril ſur couche & ſous cloches.

On ne connoît point les vertus de ſes belles eſpeces : on ne ſe ſert que du commun pour arrêter toute ſorte de Flux : on le met ordinairement en poudre & on boit cette poudre dans du vin blanc , le matin à jeun , ou bien on en fait une decoction ;

celui qui porte la fleur blanche
est excellent pour la Chaudepisse & pour les Fleurs blanches.

Mimosa, *Sensitive : Plante*
tres-curieuse.

On nous envoye la graine de
cette Plante des Païs étrangers,
il ne fait pas assez de chaleur
dans celui-ci pour l'élever, pour
qu'elle porte graine ; cette Plante est tres-curieuse, elle se ferme
pour peu qu'on y touche.

La Plante demande beaucoup
de soin & de chaleur, on n'a jamais pû la faire passer l'Hyver;
elle est tres-belle pendant l'Esté;
d'abord qu'elle sent les approches de l'Hyver elle n'a plus de
force, & perit ; elle est tres-
commune en Amerique & dans
les Isles , où elle est vivace , &
vient en Arbrisseau.

Moldavica,

Moldavica, * *Plante de bonne odeur.*

Veut un terroir gras & bien expofé ; fe multiplie de femence en Mars fur couche.

La Plante eft annuelle.

Elle n'a aucune vertu.

Molucca *.

Se cultive comme le *Moldavica* ci-deffus.

La Plante eft annuelle.

Quelques-uns croyent qu'elle eft bonne pour le venin.

Momordica, *Pommes de merveilles; Plante médecinale.*

Se cultive comme le Melon-gene, ci-devant, page 227.

Elle eft annuelle.

La Plante eft vulneraire, elle eft tres-bonne pour les douleurs & les Ulceres de Mammelles,

V

234 M. *Le Jardinier*
pour arrêter l'inflammation des
Ulceres & pour les Brûlures.

Morsus diaboli, *Mors du diable:*
Plante médecinale.

Voyez *Scabiosa*, ci-aprés lettre
S.

Morus, *Meurier: Arbre Fruitier.*

Il y a deux especes de Meurier, l'un blanc & l'autre rouge ;
le blanc ne porte point de bon
fruit, & ne fert qu'à nourrir des
vers à Soye ; ils veulent tous
deux une bonne terre bien fumée & un lieu bien airé & bien
expofé : on les multiplie de jettons, de provin & de femences
en Mars, on les replante en
Octobre & en Novembre.

L'écorce & la racine du Meurier eft deterfive & aperitive :
on fe fert des Meures pour a-
doucir les acretez de la poitrine;

elles donnent de l'appetit & excitent le cracher : on les employe
dans les gargarismes pour les
maux de la gorge. Ceux qui sont
sujets à la Colique ne doivent
point s'en servir, parce qu'elles
sont venteuses.

Voyez le Traité des Aliments
de Monsieur Lemery, page 66.

Muscari, * *Fleur.*

Voyez *Hyacinthus*, ci-devant,
page 181.

Muscus, *Mousse.*

Voyez *Lichen*, ci-devant, page
204.

Myosotis, *Oreille de Souris* : *Plante*
medecinale.

Vient de plant & de semence,
en bonne terre & en belle exposition.

J. Bauhin assûre que la Conferve & l'eau des fleurs de cette Plante gueriffent l'Epilepfie, & que fes feüilles appliquées exterieurement foulagent les Paralitiques.

Myrrhis , *Cerfeüil fauvage : Plante médecinale.*

Vient le long des murailles & des lieux incultes, de femence & plant enraciné.

Diofcoride affûre que le Cerfeüil fauvage provoque les Mois, & qu'on s'en fert contre la morfure des bêtes venimeufes.

Myrtus , *Myrte : Arbriffeau de bonne odeur.*

Les Myrtes font tres beaux & tres propres dans un Jardin; ils demandent beaucoup de foin: on les plantera en bonne terre & en belle expofition : on les multiplie de femence, de már-

cottes & de boutures en May ;
l'Hyver leur est contraire.

Les feüilles de Myrte sont
astringentes, & arrêtent toutes
sortes de Flux.

N.

Napus, *Navet: Legume.*

SE seme en Aoust en terre
bien labourée, bien fumée,
& lieu humide ; la graine vieille
de trois ans ne revient plus, &
ne produit que des Choux.

Les Navets sont propres pour
la poitrine, pour l'Asthme, la
Phthisie & la Toux obstinée. Ils
provoquent l'urine.

Narcisso Lucoium, *Perce-neige :* *Fleur.*

Vient & se plaît dans les Bois:
on la trouve pendant l'Hyver en
fleur ; elle se multiplie de ses
bulbes.

On n'en connoît point les proprietez.

Narciſſus, *Narciſſe : Fleur.*

Toutes les eſpeces de Narciſſe veulent être plantées en terre legere & en belle expoſition en Septembre : on les leve de terre pour en ôter le peuple & pour les multiplier en May.

Les Jonquilles ſont ſous le genre de Narciſſe ; on les plantera en Octobre en terre forte & en belle expoſition : on ne les leve de terre que tous les trois ans pour en ôter le peuple ; la Jonquille ne dure point à Paris, on en fait venir tous les ans de Normandie , où elles ſont en abondance & tres-belles.

Les Narciſſes auſſi-bien que les Jonquilles ne ſervent point en Medecine.

Nasturtium, *Cresson* : *Plante medecinale.*

Il y a deux especes de Cresson, l'un que l'on nomme Cresson Alenois ou de Jardin, & l'autre Cresson d'Eau ; le Cresson Alenois se seme en terre bien preparée en Avril ; le Cresson d'Eau ne s'éleve point dans les Jardins, il naît le long des sources & des eaux.

L'un & l'autre Cresson purifient le sang, levent les obstructions, excitent les Mois & les urines : un chacun sçait qu'on les mange en Salade.

Nerion, *Laurier-Rose* : *Arbrisseau.*

Le commun veut une bonne terre & une belle exposition : on le multiplie de semence & de marcottes en May ; il craint l'Hyver. Nous en avons depuis cinq ou six ans une nouvelle espece qui a été tres-rare dans le commencement, mais à force d'argent on l'a fait venir commune : cela n'ôte & ne diminuë rien de la beauté de la Plante; c'est l'espece qui a la fleur double, pannachée & odoriferente: ceux qui auront des Loges vitrées la mettront deſſous : on la multiplie de marcottes en May; elle craint l'Hyver : on la mettra pendant ce tems dans un lieu sec, & on ne l'arroſera que tres-peu tant qu'elle y ſera.

Les feüilles de Laurier-roſe miſes en poudre & priſes par le nez font éternuer.

Nicotiana, *Tabac* : *Plante médecinale.*

Se ſeme en Mars en terre bien preparée & en belle expoſition.

La

La Plante eſt annuelle.

Les feüilles de Tabac miſes en cataplaſme ſont excellentes pour reſoudre & pour faire ſuppurer les Tumeurs, & les Ulceres.

Le Tabac mis en poudre pris par le nez, fumé, ou mâché chaſ-ſe la pituite.

Nigella, *Nigelle : Plante médecinale.*

Veut un lieu ſec & pierreux, ſe multiplie de ſemence & de plant enraciné.

On ſe ſert de la ſemence de Nigelle pour provoquer les Or-dinaires : on la prend pour cela en infuſion dans du vin.

Nummularia, *Nummulaire: Plante médecinale.*

Vient par tout ſans ſoin & ſans culture plus que l'on ne veut; elle ſe multiplie de plant enra-

ciné. Monsieur Tournefort a rangé avec raison cette Plante sous
le genre de *Lisimachia* , & l'a
nommée *Lysimachia humi fusa folio rotundiore flore luteo.*

Cette Plante est astringente &
vulneraire , elle est bonne pour
le Scorbut, pour les maladies du
poulmon, pour la Dysenterie, les
Pertes de sang , & les Fleurs
blanches.

Nymphæa , *Nenufar ou Lys d'Etang.*

Le Nenufar blanc & jaune
croît en abondance presque dans
tous les Etangs : on employe les
racines de Nenufar dans les ptisannes rafraîchissantes pour l'ardeur d'urine , & pour l'inflammation des reins.

Voyez l'Histoire des Plantes
des environs de Paris, page 507.

Nux , *Noyer : Arbre Fruitier.*

Veut être planté en terre bien graffe & en belle expofition : on feme les Noix en Fevrier : on les replante en pepiniere en Octobre deux ans aprés qu'ils font levez.

Les Noix excitent l'urine & les fueurs: on confit les Noix, & elles font plus agreables & falutaires ; on en mangera le moins qu'on pourra , parce qu'elles produi-fent de mauvais effets, comme d'exciter la Toux , des dou-leurs de tête, & de nuire à l'efto-mach.

O.

Ocimum, *Basilic : Plante médeci-*
nale & de bonne odeur.

TOutes les especes de Basilic se sement au commen-
cement d'Avril sur couche & sous
cloches, & se tiennent chaudement jusqu'à ce qu'ils ayent acquis une certaine grandeur, &
que le tems permette de les
transplanter.

On les plantera en terre grasse
& legere : il faut les arroser tous
les deux jours & les mettre en
belle exposition.

On dit que ceux qui sont sujets
aux maux de tête doivent éviter
l'odeur du Basilic : on s'en sert
pour lâcher le ventre, & pour
provoquer l'urine : on l'applique
en cataplasme sur les playes où
il y a de l'inflammation.

La semence de Basilic prise par le nez fait éternuer.

Oenanthe *.

Veut un terroir gras & humide, se multiplie de semence & de plant enraciné.

On n'en connoît point les vertus.

Oleaster, *Olivier : Arbre Fruitier.*

Cet Arbre aime fort les lieux chauds, c'est pourquoi il y en a beaucoup en Provence & en Languedoc : il ne vient pas dans les Païs Septentrionaux tels que sont ceux-ci, sans soin & sans culture ; il se plaît dans une terre bien labourée & bien fumée ; il se multiplie de marcottes qui ne se separent de leur pied qu'au bout de cinq ans : on le greffe comme les autres Arbres, pour qu'il porte fruit : on aura soin de le mettre l'Hyver à l'abri des gelées.

Les feüilles de l'Olivier sont aftringentes & propres pour arrêter les Hemorragies & les Cours de ventre ; les Olives donnent de l'appetit, refferrent & fortifient l'eftomach : un chacun fçait que l'on tire l'huile des Olives ; elle eft adouciffante, émolliente, anodine, refolutive, déterfive, propre pour la Colique & la Dyfenterie.

Voyez le Traité des Aliments de Monfieur Lemery, page 85.

*Omphalodes *.*

Veut être plantée en terre graffe & en belle expofition : on la multiplie de femence & de plant enraciné.

On n'en connoît point les vertus.

Onagra, * *Plante médecinale.*

Vient en terroir pierreux & mal cultivé, de semence & de plant.

La Plante est astringente.

Onobrichis, *Sainfoin : Plante médecinale.*

Il n'y a point de pâture plus convenable à nourrir le bétail que le Sainfoin ; aussi doit il être semé en bonne terre bien fumée & bien preparée : on le seme sur la fin d'Avril ; il faut le semer en grande quantité, afin que l'herbe ne l'étouffe point : on aura soin de le faucher souvent.

Le Sainfoin pris interieurement pousse par les sueurs.

Ophioglossum, *Langue-de-Serpent: Plante médecinale.*

Veut un terroir gras, humide

& à l'ombre, se multiplie de plant
enraciné.

Cette Plante est vulneraire,
prise interieurement ou exterieurement. Baptista Sardus assure
que l'huile tirée de cette Plante
est excellente pour les Playes, &
que la poudre de cette Plante est
bonne pour les Descentes.

Voyez Dodonée *pempt.* 1. *pag.*
139.

Ophris, *Double-feüille.*

Cette Plante, quoique belle, est
assez commune aux environs de
Paris, sur tout dans les champs
Elisées, proche le Cours la Reine:
on la multiplie de plant enraciné.

Voyez l'Histoire des Plantes
des environs de Paris, page 29.

On ne connoît point leurs vertus.

Opulus, *Obier : Arbre Agreste.*

Se plaît le long des eaux & en terroir gras, se multiplie de jettons.

Robert Constantin assure que l'eau distillée de ses fleurs fait passer les urines & vuider le Calcul. Prevotius dit qu'un boüillon gras dans lequel on fait boüillir deux gros du fruit de cette Plante avec un peu de sommitez d'Absinte, fait vomir sans beaucoup de peine.

Voyez Monsieur Tournefort, page 215.

Opuntia , *Raquette ou Cardasse : Plante tres-rare.*

Quoique cette Plante vienne d'un païs étranger, elle vient fort vîte, & se multiplie assez aisément; elle veut être plantée en bonne terre & en belle exposi-

tion, elle n'aime point l'Hyver
ni les lieux trop enfermez ; elle
pourrit facilement d'être trop
moüillée, & fur tout dans l'Hyver, où j'ay remarqué que pour
peu que l'on la moüille elle pourrit : on aura donc foin de la mettre l'Hyver dans un lieu où on
faffe fouvent du feu, & qui foit
exempt des gelées : quand par
malheur il fe cafferoit quelque
raquette, laiffez-la fur le pot au
pied de la Plante, fans la mettre
dans terre, elle n'en vaudra que
mieux pour reprendre racine
dans le tems : on la multiplie
ordinairement en Avril.

On n'en connoît point les
vertus.

Orchis, * *Fleur.*

Cette Plante ne fe plaît point
dans les Jardins, elle vient mieux
dans les Prez & dans les Bois;

elle se multiplie de ses cayeux :
on la trouve ordinairement en
Fleur en Juin.

On n'en connoît point les vertus.

Oreoselinum, *Persil de Montagne :*
Plante médecinale.

Se plaît dans les lieux bien
airez & où le terroir est gras, se
perpetuë de semence & de plant
enraciné.

Pour ses vertus voyez *Apium*,
Persil, ci-devant, page 54.

Origanum, *Origan : Plante méde-*
cinal. de bonne odeur.

L'Origan commun aime les
lieux âpres , pierreux & sabloneux : on le multiplie de semence , de boutures & de plant enraciné. Les especes que Monsieur
Tournefort a apportées de ses
Voyages demandent soin & cul-

ture ; on les plantera en bonne terre & en belle expofition : on les prefervera de l'Hyver.

Pour la vertu de l'Origan, voyez *Mentha*, Menthe, ci-devant, page 228

Ornithogalum, * *Fleur*.

Veut un terroir gras & bien cultivé, fe multiplie de fes cayeux en May, fe replante en Octobre.

On n'en connoît point les vertus.

Orobanche, * *Fleur*.

Voyez *Orchis*, ci-devant page 250.

Orobus, *Orobe*.

Voyez *Aftragalus*, ci-devant, page 67.

Oriza, *Ris : Grain.*

Cette Plante ne s'éleve point en France.

Le Ris est adoucissant, arrête le Cours de ventre, augmente la Semence, arrête le crachement de sang, & convient aux Etiques & aux Phtisiques ; il est venteux & pese sur l'estomach.

Osmunda, *Osmunde : Plante médecinale.*

Voyez *Filix*, Fougere, ci-devant page 156.

Ostria, * *Arbre agreste.*

Voyez *Carpinus*, Charme, ci-devant, page 97.

Oxalis, *Ozeille : Herbe potagere.*

Voyez ci-devant *Acetosa*, page 31.

Oxyacantha, *Aubépin*: *Arbrisseau.*

Il n'y a guere de haye où cet Arbrisseau ne soit en abondance: on le multiplie de jettons.

Tragus assure que l'eau distil-lée des fleurs de l'Epine blanche, soulage les Pleuretiques & ceux qui ont la Colique.

Oxis., *Alleluya* : *Plante médecinale.*

Se plaît dans les lieux humides & le long des murailles ; elle se multiplie de plant enraciné.

Pour ses vertus, voyez *Acetosa,* Ozeille, ci-devant page 31.

P.

Pæonia, *Peone, ou Pivoine:* *Fleur.*

TAnt mâle que femelle vient en bonne terre & en belle expofition, de femence & Plant enraciné.

On employe la racine de Peone pour les maladies des reins & de la veffie, & pour provoquer les Mois : on la fait pour cela infufer dans du vin que l'on boit à jeun tous les matins.

On fe fert ordinairement de la racine du mâle.

Palma, *Palmier: Arbre.*

Le Palmier n'eft pas commun en France, on nous en a apporté des Ifles Orientales que nous a-vons confervez tres-beaux. Il y en a encore deux ou trois efpeces au Jardin Royal ; je ne crois pas qu'il y en ait autre part ; toutes les especes de Palmier se cultivent les uns comme les autres: on les plante en bonne terre & en belle exposition : on les multiplie de noyaux semez sur couche en Mars ; craignent l'Hyver, & ne veulent presque point être arrosez pendant les froids.

Les vertus des Palmiers ne sont point connuës, on pretend seulement que leur fruit est astringent.

Panicum , *Panic.*

Voyez *Gramen* , Chiendant, ci-devant page 168.

Papaver , *Pavot* : *Fleur.*

Toutes les especes de Pavot, tant doubles que simples, se sement en Mars en bonne terre & en belle exposition.

La

La plante est vulneraire.

La semence de Pavot est somnifere & rafraîchissante.

Le Coquelicoc est une espece
de Pavot qui vient communément dans les Bleds : on le nomme en Latin *Papaver erraticum
majus* : on se sert de la fleur de
cette Plante pour adoucir & pour
faire cracher dans les Fluxions
de la poitrine, dans le Rhume,
& pour arrêter les Pertes de
sang : on en fait du Sirop, ou
on en garde la Fleur sechée pour
s'en servir en maniere de ptisanne avec du Sucre.

Parietaria, *Parietaire : Plante
médecinale.*

Vient par tout le long des
murs, sans soin & sans culture.

On se sert de cette Plante
dans les decoctions & dans les
lavements, le Sirop de Parietai-
Y

re est bon pour l'Hydropisie.

Parnaffia *.

Veut un terroir gras & presque aquatique, se multiplie de plant enraciné.

On n'en connoît point les vertus.

Paftinaca, *Panais*: *Legume*.

Les Panais se sement en Mars, en terre bien amendée & en belle exposition.

Les Panais excitent l'urine & les mois, abbattent les Vapeurs, & nourriffent

Pedicularis, *Pediculaire* : *Plante médecinale.*

Voyez *Eufrafia*, Eufraise, ci-devant, page 159.

Pentaphyloïdes *.

Voyez *Argentina*, Argentine, ci-devant page 57.

Pepo *.

Voyez *Cucurbita* , ci-devant, page 130.

Perfoliata, *Perce-feüille : Plante médecinale.*

Voyez *Bupleurum*, Oreille-de-Liévre, ci-devant, page 87.

Periclymenon *.

Voyez *Caprifolium* , Chevre-feüille, ci-devant, page 94.

Perfica, *Pécher : Arbre Fruitier.*

Le Pêcher veut être planté en Octobre en terre bien graffe, bien fumée & bien expofée : on le greffe comme les autres Ar-bres pour qu'il porte bon fruit, fur Amandier ou Prunier , le Prunier dure plus long-tems.

Les fleurs & les feüilles du Pêcher font purgatives & aperi-

tives ; elles font mourir les vers.
Les Pêches humectent, rafraî-
chiffent & lâchent le ventre : on
n'en mangera pas beaucoup, parce qu'elles fe corrompent aifément, & qu'elles produifent de
mauvais effets, comme d'exciter
les vents, & de caufer des vers.
La Pêche fe mange ordinairement avec du fucre & du vin,
& elle eft par ce moyen plus fa-
lutaire, parce que le fucre cor-
rige & rarefie fon phlegme vif-
queux.

Perficaria , *Perficaire* : *Plante*
médecinale.

La commune demande un terroir marécageux , aquatique ou
humide ; elle eft tres-commune
dans les Bois : on la multiplie de
plant enraciné.

Monfieur Tournefort nous en
a apporté une belle efpece d'O-

rient, que l'on a élevé au Jardin Royal aussi belle que dans le Païs ; c'est celle qu'il a nommée *Persicaria Orientalis Nicotianæ folio.*

La Plante est annuelle, & a grainé en abondance : on la seme sur couche & on la tient chaudement pendant toute l'année.

La Persicaire est excellente pour les Ulceres malins & pour la Dysenterie : on s'en sert aussi pour la Jaunisse & les Pâles couleurs.

Pervinca, *Pervenche : Plante médecinale.*

Vient en toute terre, cultivée ou non cultivée, en toute exposition ; elle se multiplie de plant enraciné.

La Pervenche est bonne pour la Dysenterie, pour les maux

de gorge, pour l'Hydropisie,
pour les Hemorroïdes, & pour
toutes sortes de Flux.

Pes-Colombinus *.

Voyez *Geranium*, Bec-de-Gruë,
ci-devant, page 165

Petasites, *Petasite : Plante*
médecinale.

Veut être plantée en terre grasse
& à l'ombre, se multiplie de semence & de plant enraciné.

Ses feüilles sont excellentes
pour provoquer les urines & les
Mois : on les met en cataplasme
sur les Ulceres malins.

Peucedanum, *Queuë-de-Pourceau :*
Plante médecinale.

Il n'y a guere de Bois où cette
Plante ne naisse, sur tout aux
environs de Paris ; elle se multiplie de plant enraciné.

La Plante est tres-bonne pour toutes les maladies du cerveau prise en decoction ; elle lâche le ventre , & dissipe les humeurs crasses.

Phalangium , * *Fleur.*

Veut un terroir gras bien culti-vé & une belle exposition : on le multiplie de plant enraciné.

On n'en connoît point les ver-tus.

Phaseolus , *Phaseole : Legume.*

Toutes les especes de cette Plante se sement tous les ans en May , en terre bien preparée , bien fumée & en belle exposi-tion.

La Plante est annuelle.

Les Phaseoles excitent l'urine , & les Mois: un chacun sçait qu'on les mange fricassées dans le Ca-rême ; ils sont meilleurs mangez à l'huile & au vinaigre qu'au beurre, parce que le beurre excite la bile : on n'en mangera pas beaucoup, parce qu'ils font venteux & chargent l'eftomach.

Phellandrium, * *Plante médecinale.*

Veut un lieu gras & prefque aquatique, fe multiplie de femence & de plant enraciné.

Pline affûre que la femence bûë en vin eft bonne pour le calcul & pour les maux de la veffie.

Phillyrea, *Fillaria : Arbriffeau.*

Veut être planté en bonne terre bien fumée, bien preparée, & à l'ombre ; fe multiplie de femence en Octobre, de marcottes en Mars ; les grandes gelées lui font contraires.

Les feüilles font aftringentes :

on les met en cataplasme sur les Inflammations & sur les Tumeurs.

Phlomis, * *Plante tres-curieuse.*

Veut être plantée en bonne terre & en belle exposition, se seme en Mars sur couche. Les especes qui viennent des Païs étrangers demandent plus de soin, & craignent l'Hyver.

On n'en connoît point les vertus.

Phytolacca , * *Espece de Solanum.*

Voyez *Solanum* , ci-aprés, lettre S.

Pilosella *.

Monsieur Tournefort a rangé cette Plante sous les especes d'*Hieracium* : la Plante est tres-belle & vient assez aisément ; elle

elle se multiplie de semence &
de plant.

Pour ses vertus voyez *Hieracium*, ci-devant page 178.

Pimpinella , *Pimprenelle : Plante
medecinale.*

La Pimprenelle se seme en
Mars , en terre bien preparée &
en belle exposition.

Monsieur Tournefort en a apporté de ses Voyages une tres-
belle espece, qui est appellée *Pimpinella spinosa seu semper virens :*
elle se seme sur couche en Mars
& se replante en bonne terre en
May ; les gelées lui sont contraires.

La Pimprenelle est detersive,
desicative & vulneraire ; elle
pousse par les urines : elle est
propre pour la Phthisie & pour
les Fluxions de poitrine : un chacun sçait qu'elle se mange en
Salade.

Pinguicula , *Graſſete.*

Se plaît dans les lieux frais &
preſque aquatiques, ſe multiplie
de plant enraciné.

Je n'en connois point les proprietez.

Pinus , *Pin : Arbre.*

On multiplie le Pin de ſon
noyau en Fevrier & en Mars, en
bonne terre & en belle expoſition : on ne le tranſplante qu'au
bout de trois ans en Octobre ;
il aime les lieux élevez & airez.

On ne ſe ſert en Médecine
que des Pignons, qui ſont les
fruits du Pin : ils adouciſſent les
acretez de la poitrine ; ils nour-
riſſent beaucoup ; ils appaiſent
les ardeurs d'urine ; ils excitent
le lait & la ſemence.

Pifum, *Pois : Legume.*

Se sement en Mars en terre bien preparée & en belle expo-sition.

Les Pois sont venteux, char-gent beaucoup l'estomach, & sont difficiles à digerer ; ils adou-cissent les acretez de la poitrine, & appaisent la Toux.

Plantago, *Plantain : Plante medecinale.*

Le Plantain vient par tout sans soin & sans culture, se multiplie de semence & de plant.

Le Plantain est bon pour les Hemorragies & pour le Cours de ventre ; l'eau de Plantain est excellente pour les yeux.

Platanus, *Platane : Arbre.*

Cet Arbre n'est guere connu que des Botanistes ; c'est celui qui est au Jardin Royal, qui a l'écorce si blanche & si unie ; il se multiplie de semence ; il veut être planté en un lieu bien airé & bien exposé.

On n'en connoît point les proprietez.

Polium , * *Herbe de bonne odeur.*

Veut être plantée en bonne terre & en belle exposition , se multiplie de semence sur couche: toutes les especes de cette Plante craignent l'Hyver.

Je n'en connois point les proprietez.

Polygala , * *Plante medecinale.*

Vient sans beaucoup de soin en toute terre, de plant & de semence.

Gesner assûre qu'une poignée de cette Plante infusée dans du vin , purge fort bien.

Polygonatum , *Sceau de Salomon;*
Plante médecinale.

Il n'y a presque point de Bois
où cette Plante ne croisse en
abondance.

Les racines du Sceau de Salomon appliquées exterieurement
sont bonnes pour les Descentes.
La decoction de toute la Plante
est propre pour toutes les maladies de la peau.

Polygonum , *Renouée : Plante*
médecinale.

Vient plus que l'on ne veut,
sans culture en toute terre, la
Plante est tres-commune dans
la campagne.

La Renouée est vulneraire &
astringente , elle est bonne pour
la Dysenterie & pour toutes sortes d'Hemorragies.

Polypodium, *Polipode* : *Plante medecinale.*

Le Polipode naît en abondance dans les Bois au pied des vieux Chesnes & sur les murailles.

Le Polipode adoucit le sang & emporte les obstructions des visceres : on l'employe dans la Toux seche , dans l'Asthme & dans le Scorbut.

Voyez l'Histoire des Plantes des environs de Paris, page 519.

Polytricum, *Politric* : *Plante médecinale.*

Voyez *Adiantum* , ci-devant, page 33.

Populago *.

Voyez *Caltha*, ci-devant, page 90.

Populus, *Peuplier: Arbre.*

Le Peuplier blanc, auſſi-bien que le noir, vient le long des ruiſſeaux, ſe multiplie de jettons.

Je n'en connois point les vertus.

Porrum, *Poireau : Herbe Potagere.*

Les Poireaux ſe ſement en Mars en bonne terre, & ſe replantent en May en belle expoſition.

Les Poireaux ſont aperitifs & inciſifs ; ils provoquent les Mois, les urines, la ſemence & le crachat : on l'applique en cataplaſme pour la morſure des bêtes venimeuſes, & pour faire ſuppurer.

Portulaca, *Pourpier* : *Herbe Potagere.*

Se seme en Mars sur couche & sous cloche, & en May en bonne terre & en belle exposition.

Le Pourpier purifie le sang & adoucit les acretez de la poitrine : on le mêle dans les boüillons rafraîssants & dans les Salades.

Potamogeton *.

Cette Plante ne croît que dans les eaux, & ne s'éleve point dans les Jardins.

Elle n'a aucune vertu.

Potentilla *.

Voyez *Argentina*, ci-devant, page 57.

Primula veris , *Prime-verre :*
Fleur.

Veut une terre graffe bien cultivée & une belle expofition, fe
multiplie de plant enraciné &
de femence.

Les feüilles & la racine de cette Plante font aperitives & vulneraires.

Prunus, *Prunier : Arbre fruitier.*

Se plante en terre bien fumée,
bien labourée & en belle expofition en Octobre ; il faut le
greffer pour qu'il porte bon fruit:
on l'éleve de noyau.

Les Prunes font humectantes,
rafraîchiffantes, émollientes , &
laxatives : on n'en doit pas manger avec excez ; elles font difficiles à digerer.

Pfillium , *Herbe aux Puces : Plante médecinale.*

Vient en toute terre fans beaucoup de foin ; fon expofition eft
à l'ombre ; elle fe multiplie de
femence & de plant enraciné.

L'Herbe au Puces eft bonne
pour appaifer l'Inflammation des
yeux ; fa decoction eft fouveraine pour la Dyfenterie , & pour
l'Inflammation des reins.

Ptarmica , *Herbe à éternuer.*

Le commun vient fort aifément
fans culture , en toute terre & en
quelque expofition que ce foit ;
il fe multiplie de femence & de
plant. Les efpeces que Monfieur
Tournefort a apporté de fes
Voyages veulent être plantées
en bonne terre & en belle expofition : on les multiplie de femence fur couche en Mars ;

l'Hyver leur eſt contraire.

On n'en connoît point les vertus.

Pulegium, *Pouliot* : *Herbe méde-cinale de bonne odeur.*

Veut un terroir ſec & une belle expoſition, ſe multiplie de ſe-mence & de plant enraciné.

Cette Plante eſt aperitive, hiſterique, propre pour les ma-ladies de l'eſtomach, & pour cel-les de la poitrine.

Voyez l'Hiſtoire des Plantes de Monſieur Tournefort, page 225.

Pulmonaria, *Pulmonaire : Plante médecinale.*

Cette Plante étant fort com-mune dans les Bois ne demande culture ; elle ſe multiplie de plant enraciné.

La Pulmonaire s'employe en

tifanne pour les maladies des poulmons.

Punica , *Grenadier : Arbriſſeau fruitier.*

Le Grenadier , tant celui qui porte fleur que celui qui porte fruit , demande une bonne terre bien preparée & une belle expoſition : on les multiplie de boutures & de marcottes en Avril ; l'Hyver leur eſt contraire.

Monſieur Lignon a apporté des graines d'une fort jolie eſpece, que Monſieur Saintard Directeur de la culture des Plantes du Jardin Royal a élevé auſſi belle que dans le Païs ; elle porte fleur & fruit, & ne croît pas plus d'un pied & demi de haut ; c'eſt l'eſpece que Monſieur Tournefort a nommé *Malus punica indica nana* ; elle demande plus de culture & plus de chaleur que les autres.

Les Grenades douces adouciſſent les acretez de la poitrine, appaiſent la toux, rafraîchiſſent & humectent. Les aigres fortifient le cœur, arrêtent les vomiſſements, & les cours de ventre; on en fait ſuccer les grains aux malades.

Voyez le Traité des Aliments de Monſieur Lemery, page 40.

Pyrola., * *Plante médecinale.*

Se plaît dans les lieux humides & à l'ombre, ſe multiplie de ſemence & de plant enraciné.

Elle eſt aſtringente & vulneraire; elle arrête toutes ſortes d'Hemorragies, & eſt propre pour conſolider toutes ſortes de Playes

Pyrus, *Poirier: Arbre fruitier.*

Pour sa culture voyez *Malus*, Pommier, ci-devant, page 218.

Les Poires sont propres pour le Cours de ventre & pour fortifier l'estomach.

L'usage des Poires est mauvais pour ceux qui sont sujets à la Colique.

Q.

Quamoclit *.

SE seme sur couche en Mars, & se tient chaudement toute l'année pour la faire grainer.

La Plante est annuelle, & n'a aucune vertu.

Quercus, *Chesne: Arbre.*

Se cultive aisément, venant de Gland en toute terre ; se plaît au Nord.

Le Gland de Chesne est astrin-gent & propre pour arrêter tou-tes sortes de flux : on le fait boire dans du vin aprés l'avoir râpé, ou pilé.

Quinque-folium, *Quinte-feüille:* *Plante médecinale.*

Demande un terroir gras & ombrageux, vient aussi dans les lieux secs & sabloneux, mais avec plus de difficulté; il se multiplie de plant enraciné.

La Plante est vulneraire & astringente; elle est propre pour arrêter toutes sortes de Flux, & pour consolider les playes.

R.

Ranonculus, *Renoncule : Fleur.*

LEs communes qui viennent dans les Prez ne demandent pas grande culture, se plaisent à l'ombre l'ombre & en terre grasse, se multiplie de plant enraciné ; les belles especes que les Curieux cultivent demandent plus de soin : on les plante en Septembre en terre legere & en un lieu bien exposé : on aura soin de faire des paillassons pour les preserver des gelées : on les déplante quand la feüille commence à secher, & que la fleur est passée, ce qui arrive ordinairement à la fin de May.

Les Renoncules ne servent point en Médecine.

Rapa, *Rave.*

Se seme sur couche en Fevrier, & en pleine terre en Mars, Avril & May.

Les Raves poussent par les urines & chassent la Pierre ; elles excitent les Mois ; elles sont propres pour la Jaunisse & l'Hydropisie.

*Raphaniſtrum *.*

Veut un lieu ſec & pierreux, ſe multiplie de ſemence & de plant enraciné.

On n'en connoît point les proprietez.

Raphanus, *Raifort.*

Voyez *Rapa*, Rave, ci-devant page 281.

Rapiſtrum, *Sanve.*

Vient plus qu'on ne veut en toute terre, ſe multiplie de ſemence.

On n'en connoît point les proprietez.

Rapunculus, *Raiponce.*

Vient dans les Prez ſans culture, ſe ſeme en Octobre.

La Raiponce ſe mange en Salade pendant le Carême.

Regina prati, *Reine des Prez*.

Voyez *Ulmaria*, ci-aprés lettre V.

*Reseda**.

Vient en toute terre sans culture, se multiplie de semence & de plant.

On n'en connoît point les proprietez.

Rhababarum, *Rheubarbe*.

Monsieur Tournefort a rangé cette Plante sous les *Lapathum*, ci-devant page 195.

Ramnus, *Nerprum, Arbre*.

Veut être planté en terre grasse & à l'ombre, se multiplie de semence & de Jettons.

Les Bayes de Nerprum font purgatives, bonnes pour les Goutteux, les Paralitiques, les Ca-

kectiques, & pour le Rhumatif-
me.

Rhus, *Sumac : Arbre.*

Nous avons deux especes de
Sumac, l'un blanc & l'autre noir ;
on les plante tous deux en bonne terre & en belle expofition :
on les multiplie de marcottes.

Le Sumac eft bon pour la Dyfenterie, pour toutes fortes d'Inflammations & Hemorragies.

Ricinus, *Ricin : Plante médecinale.*

Se feme fur couche chaude en
Mars, fe replante en Juin en
bonne terre & en belle expofition.

La Plante eft annuelle.

Les fruits de cette Plante purgent par haut & par bas.

Rosa, *Rosier: Fleur.*

Les Rosiers viennent assez aisément en toute terre, veulent cependant une belle exposition, se multiplient de jettons.

Je me suis laissé dire que l'on faisoit venir des Roses vertes en les greffant sur des Houx en écusson ; je n'ai pas encore fait cette experience.

Les Roses sont astringentes & propres pour consolider les Playes ; l'eau distillée des fleurs de Roses est excellente pour le cœur : on employe les Roses de Provins infusées dans du vin pour fortifier les nerfs.

Rosmarinus, *Romarin : Arbrisseau de bonne odeur.*

Veut une terre bien preparée & une belle exposition, se multiplie de boutures & de marcottes ; les grandes gelées lui font contraires.

Le Romarin eſt aſtringent , & propre pour arrêter toutes ſortes d'Hemorragies , & Cours de ventre.

Ros ſolis *.

Veut une terre graſſe & humide , ſe plaît à l'ombre , ſe multiplie de plant.

Je n'en connois point les proprietez.

Rubeola , * *Plante médecinale.*

Vient en terroir ſec & mal cultivé , ſe multiplie de ſemence & de plant enraciné.

Cette Plante eſt propre pour la Squinancie.

Rubia , *Guarance : Plante médecinale.*

Vient en toute terre & en quel

que exposition que ce soit, sans soin & sans culture ; se multiplie de plant enraciné.

La Plante est astringente , & propre pour arrêter toutes sortes de Flux.

Les Teinturiers se servent de cette Plante pour teindre en rouge.

Rubus, *Ronce.*

Ne demande culture.

La Ronce est astringente, detersive & absorbente ; la décoction de ses feüilles arrête le Cours de ventre & les Fleurs blanches ; pilées & mâchées gueriffent les Ulceres des gencives ; appliqueés sur les Dartres, elles les mortifient, & gueriffent les Hemorroïdes.

Voyez l'Histoire des Plantes des environs de Paris, page 138.

Ruſcus, *Houſſon : Plante*
médecinale.

Il n'y a guere de Bois où
cette Plante ne ſoit en abondance.

La racine de cette Plante eſt
une des cinq racines aperitives
ordinaires, propre pour emporter les obſtructions des viſceres,
& pour faire paſſer les urines.

Ruta , *Ruë : Plante*
médecinale.

Se plaît en bonne terre & en
belle expoſition, ſe multiplie de
ſemence & de plant.

La Ruë pouſſe par les urines,
& eſt excellente pour toute ſortes de poiſons & morſures de bêtes venimeuſes.

Ruta

Ruta muraria , * *Eſpece de Capillaire.*

Il n'y a guere de vieux murs où cette Plante ne vienne en abondance.

Pour ſes vertus voyez *Adiantum*, ci-devant, page 33.

S.

Sabina , *Sabine* : *Arbriſſeau medecinal.*

LA Sabine veut être plantée en terre graſſe bien cultivée & en belle expoſition , ſe multiplie de ſemence & de marcottes.

La Sabine provoque l'urine & les Mois des femmes.

Les femmes enceintes ne doivent point s'en ſervir : on pretend qu'elle eſt bonne pour les maux Veneriens.

Sagitta, * *Plante aquatique.*

Se plaît & se trouve dans les Mares ; ne s'éleve guere dans les Jardins.

On n'en connoît point les vertus.

Monsieur Tournefort a nommé cette Plante *Ranunculus palustris folio sagittato minori.*

Salicaria, * *Plante médecinale.*

Cette Plante est tres-commune le long des eaux.

Elle est souveraine pour le mal des yeux.

Salix, *Saulx ou Saule : Arbre.*

On plante ordinairement cet Arbre le long des ruisseaux & dans les lieux marécageux : on le multiplie de boutures : on le taille ordinairement tous les trois ans.

La decoction des feüilles de
Saulx est bonne pour arrêter
toutes sortes d'Hemorragies, &
pour la Dysenterie.

Salvia, *Sauge : Plante médecinale &*
de bonne odeur.

Toutes les especes de Sauge
se cultivent & se multiplient de
la même maniere.

Je n'en connois que deux que
Monsieur Tournefort a apporté
de ses Voyages qui soient plus
bizarres & plus difficiles à venir
que les autres : on les seme en
Avril sur couche, pour être replantées en bonne terre & en
belle exposition dans des pots
un mois aprés qu'elles seront levées ; elles apprehendent l'Hyver ; il faut les dépoter tous les
ans pour leur couper le trop de
racines, & pour leur renouveller
leur terre.

Les autres efpeces que tout le monde connoît, quoique belles, ne demandent pas la Serre, ni tant de precautions ; elles viennent de femence & de marcottes en bonne terre & en belle expofition.

On pretend que la decoction de Sauge eft excellente pour le tremblement des mains & du corps : on s'en fert pour fortifier les nerfs, & pour arrêter les Fleurs blanches des femmes : fon eau diftillée éclaircit la vûë : on fait venir de Provence la petite Sauge, que l'on prend comme le Thé, pour faire fuer & pour les maux de tête.

Sambucus, *Sureau : Arbre.*

Vient fans foin & fans culture en toute terre : on le multiplie de boutures en Mars.

Le jus exprimé de l'écorce de

la racine de Sureau fait vomir,
& excite les eaux des Hydropiques, Dioſcoride aſſure que les
feüilles de Sureau miſes en cataplaſme ſont bonnes pour ap-
paiſer l'Inflammation des Ulceres, qu'elles ſont bonnes pour
la Brûlure & la Goutte : on met
les fleurs de Sureau dans le vinaigre, ce qui le rend tres-bon
& agreable.

Samolus, * *Plante aquatique.*

Se plaît & ſe trouve dans les
étangs.

On n'en connoît point les
vertus.

Sanicula, *Sanicle : Plante
médecinale.*

Se plaît dans les lieux incultes & pierreux, ſe multiplie de
ſemence & de plant enraciné.

Cette Plante eſt vulneraire,

aperitive , & deterſive : on s'en
ſert à la maniere du Thé.

Santolina , *Petit Cyprés , ou Garde-
robe : Plante medecinale.*

Veut être planté en terre
graſſe bien cultivée & en belle
expoſition , ſe multiplie de ſemence & de plant enraciné.

Pline aſſûre que le petit Cyprés
infuſé dans du vin & bû , eſt excellent pour la morſure des bêtes venimeuſes.

Sapindus , *Savonnier : Arbre des
Indes.*

Les graines de cet Arbre ont
été apportées par Monſieur Lignon : on les a élevez & ont pro-
duits de petits Arbres que l'on
a cultivez au Jardin Royal juſ-
qu'à preſent : on les a ſemez ſur
couche chaude , & on les tient
l'Eſté auſſi-bien que l'Hyver le

plus chaudement qu'on peut.

On n'en connoît point les vertus.

Satureia , *Sariette : Plante médeci-*
nale de bonne odeur.

La Sariette ſe ſeme en Mars,
en terre ſeche & en belle expoſition.

La Plante eſt annuelle.

Pour ſes vertus voyez *Thimus*,
Thim, ci-aprés lettre T.

Saxifraga , *Saxifrage.*

Voyez *Sedum* , ci-aprés page
301.

Scabioſa , *Scabieuſe : Plante*
médecinale.

Veut une terre graſſe & bien
cultivée, ſe multiplie de ſemence & de plant enraciné.

La Scabieuſe eſt alexitere, ſu-
dorifique, aperitive, deterſive &
vulneraire.   B b iiij

Voyez l'Histoire des Plantes des environs de Paris , page 140.

Scandix, * *Plante médecinale.*

Se plaît le long des eaux , se multiplie de plant enraciné.

La decoction de ses feüilles est bonne pour les maladies du bas ventre & de la vessie.

Scilla , *Squile : Oignon Marin.*

La Squile ne s'éleve point dans ces Païs ; les Droguistes de la ruë des Lombards la font venir des Païs étrangers. Il y en a de deux especes , l'une blanche , & l'autre rouge ; la blanche est la plus rare : on les plante toutes deux en terre grasse bien cultivée & en belle exposition.

La Squile cuite en vinaigre & bûë est bonne pour dissiper les humeurs crasses : elle est bonne pour provoquer l'urine, & pour l'Hydropisie : on s'en sert aussi pour les Obstructions du foye & de la ratte.

Scirpus *.

Les especes de cette Plante sont communes le long des eaux.

Voyez l'Histroire des Plantes des environs de Paris, page 532.

On n'en connoît point les vertus.

Sclarea, *Toute - bonne : Plante médecinale.*

La Toute - bonne commune vient sans beaucoup de soin & de culture ; elle se multiplie de graine & de plant enraciné en toute terre & en quelque exposition que se soit.

Celle qu'on nomme *Sclaria Ca-narienfis ampliffimo folio*, demande plus de foin : on la feme en Mars fur couche : on la replante en Avril en bonne terre & en belle expofition ; les grandes gelées lui font contraires.

On ne connoît point les vertus de cette derniere-ci ; il n'y a que la Toute-bonne commune qui ferve en Médecine : on fait une boiffon avec l'Orvalle ou Toute-bonne, le miel, le fon & de l'eau, qui eft excellente pour la poitrine ; la Plante eft vulneraire.

Scolymus , *Scolime : efpece d'Epine jaune.*

Nous avons deux efpeces de Scolime , une qui eft annuelle, & l'autre qui eft vivace ; celle qui eft annuelle fe feme en Septembre en bonne terre & en belle expofition ; l'autre fe feme en Mars, mais elle vient plus vîte de plant enraciné.

On n'en connoît point les vertus.

Scorpioïdes , *Chenille.*

Se feme au Printems en bonne terre & en belle expofition.

La Plante eft annuelle.

Diofcoride pretend que cette Plante eft bonne pour la morfure des Scorpions : on mange en Salade le fruit de cette Plante.

Scorzonera , *Scorfonnaire : Plante médecinale.*

Se feme au Printems, en terre bien preparée & en belle expofition, fe replante en Juin : quoique la Plante foit vivace, on doit la femer tous les ans pour la renouveller.

La Scorfonnaire excite l'urine,

fortifie l'eſtomach, provoque les ſueurs & les Mois aux femmes.

Scrophularia , *Scrofulaire : Plante médecinale.*

Vient en toute terre, & en quel-que expoſition que ſe ſoit, ſans culture ; elle ſe multiplie de plant enraciné.

On ſe ſert de la Scrofulaire pour reſoudre les Tumeurs & pour adoucir l'inflammation des Hemorroïdes ; la Plante eſt reſo-lutive, émoliente & adouciſſante.

Secale , *Seigle : Grain.*

Se ſeme en terre bien labou-rée & bien preparée vers la Saint Martin.

La Plante eſt annuelle.

Le Seigle s'employe avec le Bled pour faire du pain ; il lâ-che le ventre.

Securidaca *.

Voyez *Coronilla*, ci-devant, page 123.

Sedum, *Joubarde: Plante médecinale.*

Toutes les efpeces de cette Plante viennent fort aifément en toute terre & en quelque expofition que ce foit : on les multiplie de plant enraciné.

L'efpece qu'on nomme *Sedum majus arborefcens* demande plus de foin : on la plante en bonne terre & en belle expofition ; elle fe multiplie de boutures en Avril ; elle craint l'Hyver.

On ne connoît point les vertus de cette derniere efpece : on fe fert de la Joubarde commune pour l'Efquinancie & pour les Corps des pieds : on fait boire chopine du fuc de cette

Plante aux chevaux fourbus.

Senecio , *Seneçon* : *Plante medecinale.*

Vient plus que l'on ne veut dans les Jardins, sans culture.

Le Seneçon est émollient, adoucissant & resolutif : on s'en sert pour appaiser la Colique, & pour faire avancer les suppurations ; cette Plante purge les Serains de Canarie.

Senna , *Sené* : *Plante medecinale.*

Il est fort difficile d'élever dans ces Païs des Plantes qui viennent du Levant : cependant j'en ai élevé plusieurs especes qui m'avoient été envoyez , & les ai conservez pendant l'Hyver ; il faut les semer sur couche chaude en Mars, puis les replanter en bonne terre & les mettre fous un chaſſis de verre, pour qu'elles croiſſent & qu'elles ſe fortifient pendant l'Hyver.

Un chacun ſçait qu'on ſe ſert du Sené pour puger.

Serpillum, *Serpolet : Plante médecinale de bonne odeur.*

Le Serpolet ne demande culture, venant ſur les Bruïeres & dans les lieux incultes ; il ſe multiplie de plant enraciné.

Le Serpolet provoque les Mois & l'urine, chaſſe le Calcul, & pouſſe par les ſueurs. L'huile eſſentielle de cette Plante eſt bonne pour l'Epilepſie ; la Conſerve des fleurs ou des feüilles de Serpolet ſoulagent ceux qui ſont ſujets au mal Caduc.

Scrratula *.

Voyez *Jacea*, Jacée, ci-devant page 185.

Sezeli,* *espece d'Angelique.*

Voyez *Angelica*, Angelique, ci-devant, page 49.

Sycioïdes *.

Se feme en bonne terre & en belle expofition en Mars.

La Plante eft annuelle.

On n'en connoît point les vertus.

Sideritis, *Crapaudine : Plante médecinale.*

Elle ne demande culture, étant tres-commune dans les Bois & fur les Collines : on la multiplie de plant enraciné.

La Plante eft vulneraire & aftringente.

Siliqua, *Carroubier : Arbre.*

Veut être planté en bonne terre & en belle expofition : on

le

le multiplie de noyau ; il craint
l'Hyver.

On engraiſſe les Pourceaux du
fruit de cet Arbre : on pretend
qu'il lâche le ventre , & qu'il
provoque l'urine.

Siliquaſtrum, *Guainiér : Arbre de Judas.*

Veut une bonne terre & une
belle expoſition, ſe ſeme en Octobre à l'ombre : on le multiplie
auſſi de jettons.

On n'en connoît point les vertus.

Sinapi , *Senevé : Plante médecinale.*

Se ſeme en terre graſſe bien
labourrée & bien cultivée , en
Mars.

La Plante eſt annuelle.

Le ſemence de Senevé excite
l'appetit , aide à la digeſtion,

pousse par les urines , & provoque l'éternuëment : on s'en sert
exterieurement pour faire suppurer les Tumeurs & les Abcés.
Un chacun sçait qu'on fait la
moutarde avec les semences de
cette Plante.

Sisymbrium , * Plante
médecinale.

Toutes les especes de cette
Plante sont tres-communes dans
les campagnes : on les multiplie
de semence.

On ne se sert en Médecine
que du Sophia Chirurgorum pour
arrêter toutes sortes de Flux ;
cette Plante appliquée exterieurement guerit les Ulceres.

Sisyrinchium *.

Voyez Iris , ci-devant, page
189.

Sium , *Berle* : *Plante*
médecinale.

Ne demande pas grande culture, veut une terre graſſe & à
l'ombre, ſe multiplie de ſemence
& de plant enraciné.

On ſe ſert de cette Plante
pour purifier le ſang , & pour
emporter les obſtructions.

Smilax *.

Veut une terre bien preparée
& une belle expoſition : on la
multiplie de plant enraciné ; elle
craint les grands Hyvers.

On n'en connoît point les vertus.

Smyrnium , *Maceron* : *Plante*
médecinale.

Ne demande pas grande culture, venant en toute terre &
en quelque expoſition que ce

soit : on la multiplie de semence
& de plant enraciné.

Dioscoride assure que cette
Plante est bonne pour la difficulté d'urine & pour faire cracher ;
elle provoque aussi les Mois.

Solanum , *Morelle* : *Plante*
médecinale.

Il n'y a point de Jardin où
cette Plante ne vienne en abondance : les especes qui viennent
des Païs étrangers demandent
soin & culture : on les seme en
bonne terre & en belle exposition
en Mars ; l'Hyver leur est contraire.

Ces dernieres especes n'ont aucune vertu : on se sert de la
Morelle pour les Hemorroïdes,
pour l'Eresipele, & pour les maladies de la peau.

Soldanella, *Soldanele.*

Voyez *Convolvulus*, ci-devant, page 119.

Sonchus, *Laittron : Plante médecinale.*

Vient plus qu'on ne veut en toute terre, sans soin & sans culture.

On fait boire la decoction de Laittron pour temperer la chaleur du bas ventre, & pour emporter les Obstructions.

Sorbus, *Sorbier : Arbre.*

Voyez *Ctratægus*, Alisier, ci-devant, page 126.

Sparganium *.

Cette Plante se trouve dans les lieux aquatiques.

Je n'en connois point les vertus.

Spartium *.

Se plaît dans les lieux fabloneux.

Je n'en connois point les proprietez.

Sphodilium , *Berce : Plante
médecinale.*

Vient en toute terre & en
quelque expofition que ce foit,
fe multiplie de femence & de
plant enraciné.

Tabernæ Montanus dit que
la decoction des feüilles ou de
la racine de cette Plante eft
laxative & qu'elle guerit les Vapeurs.

Spinacia , *Epinards : Legume.*

Se fement tous les ans en Septembre , en terre graffe & bien
préparée.

On mange les Epinards pen-

dans le Carême ; ils appaisent
la Toux , & tiennent le ventre
libre.

Spiræa , * *Arbrisseau.*

Veut être planté en bonne
terre & en belle exposition , se
multiplie de jettons.

On n'en connoît point les proprietez.

Spongia , *Esponge* : *Plante naturelle.*

Cette Plante se trouve & vient
naturellement où la Mer flotte.

On ne s'en sert point en Médecine.

Stachys *.

Toutes les especes de Stachis
demandent culture : on les plantera en bonne terre bien preparée & en belle exposition : on
les multiplie de semence sur couche.

Les especes qui viennent des Païs étrangers craignent l'Hyver.

On n'en connoît point les vertus.

Staphylodendron , *Nez-coupez : Arbre.*

Veut être planté en bonne terre & en belle exposition , se multiplie de noyaux & de jettons.

On n'en connoît point les proprietez.

Staphisagria , *Herbe-aux-poux : Plante médecinale.*

La fleur de cette Plante est tres-belle & propre dans un Parterre : on la seme en Septembre en bonne terre & en belle exposition.

La plante est annuelle.
La semence de cette Plante cuite

cuite en vinaigre & mise en cataplasme, guerit le mal de dents,
les Fluxions & les Ulceres : on
pretend que le même Remede
fait mourir les poux, & guerit
les maladies de la peau, comme
la Gratelle & les Demangeaisons.

Pline, Livre 23. Chapitre 1.

Statice, * *Fleur.*

Vient en toute terre sans beaucoup de soin : on la separera tous
les deux ans pour en ôter le
peuple ; la Plante est fort propre
pour faire des Bordures.

On n'en connoît point les
vertus.

Stœcas, * *Plante de bonne odeur & médecinale.*

Veut être plantée en bonne
terre & belle exposition, se multiplie de semence sur couche en

D d

Avril : elle craint l'Hyver.

On diſtile une eau de Stœcas excellente pour l'Apoplexie & l'Epilepſie.

Stramonium, * *Fleur.*

Les *Stramonium* doubles, violets & blancs, veulent être ſemez ſur couche & ſous cloches en Mars : on les tient le plus chaudement qu'on peut pour les faire grainer : les ſimples ne demandent culture.

Pluſieurs pretendent que les *Stramonium* ſont des poiſons.

Styrax, *Storax* : *Arbre.*

Cet Arbre n'eſt connu que des Botaniſtes ; il eſt tres-beau & porte une fleur tres-belle, & tres-odoriferante : on le plantera en bonne terre & en belle expoſition : on le multiplie de noyau

en Septembre ; les semences sont
un an sans lever.

On tire une essence des fleurs
de Storax qui sent tres-bon.

Suber , *Liege: Arbre.*

On ne sçait comment multiplier cet Arbre, il est unique au
Jardin Royal ; je crois pourtant
qu'il semultiplie de Gland comme le Chesne : on se sert de l'é-
corce du Liege pour faire des
bouchons, & pour mettre à des
filets pour pêcher.

Simphytum , *Consoude: Plante*
médecinale.

Se plaît en terre grasse, humide & à l'ombre, se multiplie de
plant enraciné.

Les racines de Consoude pilées
& appliquées en cataplasme, a-
doucissent les piqueures des ten-
dons, les douleurs de la Goutte,

& arrêtent les Ulceres ambu-
lans.

Voyez l'Hiſtoire des Plantes
des environs de Paris, page 306.

Syringa , * *Arbriſſeau.*

Cet Arbriſſeau eſt propre pour
mettre en Eſpalier le long d'un
mur , ou pour mettre au pied
d'un Berceau ; l'odeur de ſa fleur
eſt tres-agreable : on le plante
en bonne terre & en belle ex-
poſiton : on le multiplie de marcottes.

On n'en connoît point les
vertus.

T.

Tagetes , *Oeillet d Inde :*
Fleur.

LEs Oeillets d'Indes veulent
être ſemez en bonne terre
ou ſur couche en Avril, pour

être replantez en Juillet en belle exposition.

La Plante est annuelle.

On n'en connoît point les vertus.

Tamarindus, *Tamarin : Arbre.*

On a bien de la peine pour élever dans ces Païs les Tamarins : on ne leur sçauroit donner le même degré de chaleur qu'ils ont dans leur Païs : j'en ai semé il y a trois ou quatre ans qui ont levé, & qui ont passé l'Esté assez beaux ; quand ils ont senti les approches de l'Hyver ils n'ont pû resister.

On se sert des Tamarins pour lâcher le ventre & purger la Bile : on s'en sert aussi pour arrêter les Vomissements , pour appaiser la soif & les douleurs de tête : ils guerissent la Jaunisse, le mal de ventre , la Galle, & autres maladies causées d'un sang brûlé.

Tamariscus , *Tamaris* : *Arbre.*

Veut être planté en terre noire & humide, & en belle exposition : on le multiplie de jettons & de boutures ; les grands froids lui sont contraires.

La decoction de sa racine est bonne pour ceux qui ont la ratte offensée & qui ont des maux Veneriens : on s'en sert aussi pour arrêter toutes sortes de Flux.

Tamnus , *Racine vierge* : *Plante médecinale.*

Se plaît en terre grasse & bien cultivée, se multiplie de plant.

La racine de cette Plante est diuretique; pilée & appliquée sur les meurtrissures, les guerit en peu de tems.

Tanacetum, *Tanaisie* : *Plante médecinale.*

Vient sans soin & sans culture plus qu'on ne veut, se muliplie de plant enraciné.

L'Infusion de ses feüilles dans du vin blanc provoque les Mois des femmes : on s'en sert pour les gersures des mains, pour le Rhumatisme, pour purifier le sang & pour emporter les Obstructions.

Voyez l'Histoire des Plantes des environs de Paris, page 366.

Taxus, *If* : *Arbre.*

Se cultive comme l'*Abies*, Sapin, ci-devant, page 25.

Quelques-uns pretendent que c'est un poison, & que son ombre même est dangereuse, ce qui est tres-faux : on mange son

fruit sans s'en trouver incommo-
dé.

Telephium *.

Voyez *Anacampseros*, Orpin,
ci-devant, page 43.

Terebinthus, *Terebinthe : Arbre.*

Se plaît en bonne terre bien
cultivée & en belle exposition,
se multiplie de semence & de
marcottes ; les marcottes sont
deux ans sans prendre racine ;
l'Hyver lui est contraire.

L'écorce, les feüilles & les
fruits de Terebinthe sont astringents ; c'est de cet arbre, que sort
la Terebenthine.

Teucrium, * *Herbe médecinale* *de bonne odeur.*

Veut un terroir gras & bien
cultivé, se multiplie de semence

en Mars fur couche, fe plaît en belle expofition.

On pretend que l'infufion de cette Plante prife à jeun, guerit les morfures des bêtes venimeu-fes, & fert de contre-poifon.

Thalictrum, * *Plante medecinale.*

Veut être planté en terroir fec & pierreux, vient en toute ex-pofition fans beaucoup de foin, fe multiplie de femence & de plant enraciné.

La décoction de fes feüilles lâche le ventre ; mifes en ca-taplafme font refoudre les Tu-meurs.

Thapfia, * *Plante médecinale.*

Se cultive comme le *Talictrum*, ci-deffus.

La racine de *Thapfia* pilée &

appliquée, eſt bonne pour les maladies de la peau.

Thlaſpi, * *Fleur.*

Les eſpeces qui ſont annuelles
ſe ſement tous les ans en bonne
terre & en belle expoſition ; l'autre eſpece qui eſt vivace veut auſſi
être plantée en bonne terre &
en belle expoſition ; elle craint
l'Hyver : on la multiplie de boutures.

On ne connoît point les vertus
des Thlaſpi.

Thlaſpidium *.

Vient en toute terre ſans beaucoup de culture, ſe multiplie de
ſemence.

On n'en connoît point les
proprietez.

Thuya, *Arbre de vie.*

Demande une bonne terre bien cultivé, & une belle expofition ; fe multiplie de femence.

On n'en connoît point les proprietez.

Thymbra, *Thymbre.*

Voyez *Satureia*, Sariette, ci-devant page 295.

Thymelea, *Garou : Arbriffeau.*

Vient en toute terre fans foin, fe multiplie de femence.

Je n'en connois point les vertus.

Thymus, *Thim : Plante médecinale de bonne odeur.*

Vient en terroir fec & en belle expofition, fe replante tous les ans en Septembre, fe multiplie de plant enraciné.

Le Thim fortifie le cerveau, attenuë & rarefie les humeurs visqueuses ; il est propre pour l'asthme,il excite l'appetit & aide la digestion; il chasse les vents & resiste au venin.

Voyez Monsieur Lemery dans son Traité des Aliments , page 149.

Thysselinum *.

Voyez *Sezeli* , ci-devant , page 304

On n'en connoît point les proprietez.

Tilia , *Tillau ou Tilleul* : *Arbre*.

Ne demande culture , se multiplie de semence , & de Jettons : on plante ordinairement cet Arbre dans des avenuës.

On pretend que les feüilles

de cet Arbre sont propres pour les Ulceres qui viennent aux jambes.

Tinus , *Laurier-Tim : Arbrisseau.*

Veut être planté en bonne ter-re & en belle exposition, se mul-tiplie de semence en Automne & de marcotte en Mai ; il craint les grands hyvers.

On n'en connoît point les vertus.

Tithymalus , *Titimale plante Medicinale.*

Toutes les especes de cette plante sont tres-communes dans la campagne.

Le suc laiteux de cette Plante est à craindre, donnant la galle, & causant des demangeaisons in-supportables ; on ne se sert en

Medecine que du *Tithymalus cyparissias*, ou *Esula minor* pour purger.

Tordylium *.

Voyez *Caucalis*, ci-devant, page 103.

Tormentilla, *Tormentille* : *Plante médecinale.*

Ne demande culture, venant fort communement dans les campagnes & sur les Collines ; se multiplie de semence & de plant enraciné.

Pour ses vertus voyez *Pervinca,* Pervenche, ci-devant, page 261.

Tragopogon ; *Barbe de Bouc.*

Vient en toute terre, sans culture de semence.

On n'en connoît point les vertus.

Tragoſelinum , *Boucage.*

Vient en bonne terre & en belle expoſition , ſe multiplie de ſemence & de plant enraciné.

On n'en connoît point les pro‑prietez.

Tribulus , *Tribule* : *Plante medecinale.*

Cette Plante ne s'éleve point dans les Jardins ; elle ne ſe trou‑ve que dans les eaux.

Elle eſt tres‑bonne pour les inflammations des Ulceres : on en fait une eau excellente pour les yeux.

Trychomanes *.

Voyez *Adiantum* , ci‑devant, page 33.

Trifolium , *Trefle : Plante*
médecinale.

Ne demande culture.

On se sert du Trefle à fleur
rouge pour resoudre les Tumeurs
où il n'y a point d'inflammation.

Triticum , *Froment : Grain.*

Se seme en terre bien fumée,
& bien preparée à la Saint Martin.

Un chacun sçait qu'on fait le
Pain avec le Froment.

Tubera , *Truffes.*

Monsieur Tournefort a rangé
cette Plante sous les *Solanum* ;
elle vient en bonne terre & en
belle exposition. On la multiplie
de semence & de plant.

Il n'y a presque point de ragoût
exquis où l'on n'insere les Truffes

ſes en abondance, n'étant pas des
plus rares, ſur tout aux environs
de Paris : on s'en ſert en Medecine pour fortifier l'eſtomach , &
exciter les ardeurs de Venus : on
n'en uſera pas immoderement ,
parce qu'elles peuvent cauſer de
violentes Coliques & des vents.

Tulipa , *Tulipe* : *Fleur.*

Se plante en Octobre en bonne terre & en belle expoſition,
ſe déplante en Juin : on multiplie la Tulipe de ſes cayeux, la
ſemence eſt trop longue.

On ne s'en ſert point en Médecine.

Turritis , *eſpece de Chou Sauvage.*

Ne demande culture.
On n'en connoît point les
vertus.

E e

Tussilago, *Pas-d'âne : Plante médecinale.*

Se plaît en bonne terre & à l'ombre, se multiplie de plant enraciné.

On se sert des feüilles de Pas-d'âne pour faire avancer la suppuration des Tumeurs : on fait fumer aux Asthmatiques les feüilles de cette Plante comme le Tabac.

Thypha : *Masse.*

Vient sans soin & sans culture comme le Chiendant.

On n'en connoît point les vertus.

V.

Valeriana, *Valeriane : Plante*
médecinale.

Vient en toute terre & en
quelque expofition que ce
foit, fans beaucoup de culture ;
fe multiplie de femence & de
plant enraciné.

La Valeriane provoque les
Mois, foulage les Afthmatiques,
& ceux qui font fujets aux Vapeurs : on pretend qu'elle eft
bonne pour l'Epilepfie.

Valerianella, *Mâche.*

Se feme en terre humide & à
l'ombre en tout tems.

On mange ordinairement les
Mâches en Salade pendant le
Carême ; elles tiennent le ven-
tre libre.

Veratrum , *Ellebore blanc : Plante médecinale.*

Voyez ci-devant *Helleborus ,* Ellebore , page 174.

Verbascum , *Molaine ou Boüillon blanc : Plante médecinale.*

Il n'y a rien de si commun en campagne que le Boüillon blanc.

Cette Plante est adoucissante & vulneraire : on en fait boire la decoction pour la Colique, pour la Dissenterie, & pour le Cours de ventre.

Verbena , *Verveine : Plante médecinale.*

Aime un terroir sec & pierreux, se multiplie de semence & de plant

La Verveine est vulneraire, detersive , aperitive , febrifuge ; pour les pâles couleurs , on boit le vin où elle a infusé pendant la nuit.

L'extrait ou le suc de Verveine guerit les Fiévres intertermitentes : on la fait prendre comme le Thé aux personnes qui sont sujettes aux Vapeurs.

Voyez l'Histoire des Plantes des environs de Paris , page 309.

Veronica, *Veronique :Plante médecinale.*

Se plaît en terroir gras & à l'ombre , se multiplie de semence & de plant enraciné.

Le Sirop de Veronique purifie le sang ; la decoction est bonne pour la Colique ; l'eau distillée de cette Plante est bonne pour les Ulceres du poulmon, pour les Vapeurs, & pour le Calcul : on s'en sert maintenant à la

maniere du Thé : on pretend
qu'une dragme de poudre de
Veronique avec autant de Theriaque guerit les Fiévres pour-
preufes.

Viburnum, *Viorgne : Plante
medecinale.*

Ne demande culture, étant
tres-commune en campagne.

Mathiole affure que la Viorgne eft aftringente, & propre
à raffermir les gencives; & que
fes fruits mis en poudre arrête
le Cours de ventre.

Vicia, *Veffe : Grain.*

Se feme en Mars, en terre bien
preparée.

On nourrit les pigeons de ce
Grain.

Viola, *Violette : Fleur.*

Vient en toute terre fans culture, se multiplie de semence & de plant.

L'infusion de deux onces de racines de cette Plante purge par haut & par bas ; les fleurs lâchent le ventre : on fait des fleurs de cette Plante un Sirop qui purge comme l'infusion de la Plante.

Virga aurea, *Verge d'or : Plante médecinale.*

Vient en bonne terre & en belle exposition, de semence & de plant enraciné : on plante ordinairement cette Plante dans les Parterres, parce que sa fleur n'est pas desagreable : on ordonne cette Plante dans les ptisannes & dans les boüillons pour la Dysenterie, & pour toutes sortes d'Hemorragies.

Viscum , *Gui.*

Cette Plante ne se trouve jamais sur la terre , elle naît sur le Chêne, le Pommier, le Prunier, le Poirier ; & plusieurs autres Arbres.

Voyez l'Histoire des Plantes des environs de Paris, page 350.

On ne s'en sert point en Médecine.

Vitex , *Arbrisseau.*

Voyez *Agnus Castus*, ci-devant, page 34.

Vitis, *Vigne.*

La nouvelle Maison rustique parle amplement sur les diverses façons qu'on doit faire à la Vigne ; je ne m'arrêterai point ici à en donner une culture, parce que chaque Païs la cultive à sa maniere ; je dirai seulement qu'-
elle

elle doit être plantée en belle expofition : on la multiplie de provin & de boutures : on la doit tailler tous les ans en Mars.

Un chacun fçait qu'on fait le vin avec le jus exprimé du fruit de cette Plante.

Vitis Idæa, *Airelle ou Mirtille : petit Arbriffeau.*

Cette Plante eft tres-commune dans les Bois : on la plante à l'ombre ; elle fe multiplie de jettons.

On ne s'en fert point en Médecine.

Ulmaria, *Reine des Prez : Plante medecinale.*

Il n'y a guere de Prez où cette Plante ne foit en abondance : on l'appelle *Ulmaria*, parce que fes feüilles reffemblent à celles de l'Orme ; elle vient en terre grasse : on la multiplie de plant enraciné.

Cette Plante est sudorifique, cordiale , & vulneraire ; elle guerit le Cours de ventre & le Crachement de sang.

Ulmus , *Orme : Arbre*

Veut être planté dans un lieu humide & à l'ombre , se multiplie de jettons & de semence : on plante ordinairement cet Arbre dans des Avenuës , & dans les lieux où on veut avoir du couvert : on pretend que les feüilles d'Orme sont bonne pour consolider les Playes.

Urtica , *Ortie : Plante médecinale.*

Je ne conseille à personne de planter cette Plante dans son Jardin, elle est assez commune par tout.

On pretend que l'Ortie est
bonne pour le crachement de
sang, pour la Dysenterie, & les
Fleurs blanches ; la ptisanne
d'Ortie est bonne dans les Fiévres malignes, dans la petite
Verole, & la Rougeole.

X.

Xanthium * *Plante médecinale.*

SE plaît en terre grasse & à
l'ombre, se multiplie de semence.

Je crois que la Plante est annuelle.

On assure que le *Xanthium* guerit les Ecroüelles, les Dartres,
& purifie le sang.

Dioscoride assure que l'on applique ses feüilles sur les Tumeurs scrophuleuses.

Xeranthemum, *Immortelle : Fleur.*

Se seme sur couche en Mars, se replante en Avril en bonne terre & en belle exposition.

La Plante est annuelle.

Elle n'a aucune vertu.

Xilon, *Cottonier.*

On n'éleve point cette Plante en France, on en envoye des semences au Jardin Royal que l'on éleve pour les Demonstrations ; l'Hyver les fait perir : c'est la Plante qui porte le Cotton.

Y

Yuca *.

QUoique cette Plante vienne d'un Païs tres-chaud ; elle se cultive & vient assez aisé-

ment en France : on la plante
en bonne terre & en belle expofition : on la multiplie d'œilletons.

On n'en connoît point les
vertus.

Z.

Ziziphus, *Jujubier.*

CEt Arbre n'eft, à ce que je
crois, qu'au Jardin Royal :
on le plante en bonne terre &
en belle expofition : on le multiplie de marcottes & de noyaux.

On ordonne les Jujubes dans
les ptifannes pour adoucir les
acretez de la gorge, pour la
Toux, & pour le crachement
de fang.

F I N.

Ff iij

LOUIS par la grace de Dieu Roy de France & de Navarre : A nos amez & feaux Conseillers les Gens tenans nos Cours de Parlement, Maîtres des Requestes Ordinaires de nôtre Hôtel, Grand Conseil, Prevost de Paris, Baillifs, Senéchaux, leurs Lieutenans Civils, & autres nos Justiciers qu'il appartiendra ; SALUT. Claude Prudhomme Libraire à Paris, Nous ayant fait exposer qu'il desireroit donner au public l'impression d'un Livre intitulé *Le Jardinier Botaniste, ou la maniere de cultiver toute sorte de Plantes médecinales, Fleurs, Arbres & Arbustes, avec l'explication de leur usage en Médecine ; ensemble toutes les Plantes étrangeres qui peuvent être propres pour l'embellisse-*

ment des Jardins, le tout par ordre Alphabetique, par le Sr BESNIER; S'il nous plaisoit lui accorder nos Lettres de Privilege pour ladite Ville de Paris seulement : Nous avons permis & permettons par ces Presentes audit Prudhomme de faire imprimer ledit Livre, en telle forme, marge, caractere & autant de fois que bon lui semblera, & de le vendre & faire vendre par tout nôtre Royaume pendant le tems de quatre années consecutives, à compter du jour de la date desdites Presentes. Faisons défenses à toutes sortes de personnes de quelque qualité & condition qu'elles soient, d'en introduire d'impression étrangere dans aucun lieu de nôtre obéïssance ; & à tous Libraires, Imprimeurs & autres, dans ladite Ville de Paris seulement, d'imprimer ou faire imprimer ledit

F f iiij

Livre, & d'y en faire venir, vendre & debiter d'autre impreſſion que de celle qui aura été faite pour ledit Expoſant , à peine de confiſcation des Exemplaires contrefaits, de mil livres d'amende contre chacun des contrevenans ; dont un tiers à Nous, un tiers à l'Hôtel-Dieu de Paris, l'autre tiers audit Expoſant; & de tous dépens, dommages & intereſts : A la charge que ces Preſentes ſeront enregiſtrées tout au long ſur le Regiſtre de la Communauté des Imprimeurs & Libraires de Paris, & ce dans trois mois de la date d'icelles ; que l'impreſſion dudit Livre ſera faite dans nôtre Royaume & non ailleurs, & ce en bon papier & en beaux caracteres, conformément aux Reglemens de la Librairie ; & qu'avant que de l'expoſer en vente, il en ſera mis deux Exemplaires dans nôtre Bibliotheque publique, un dans celle de nôtre Château du Louvre, & un dans celle de nôtre tres-cher & feal Chevalier Chancelier de France le Sieur Phelypeaux Comte de Pontchartrain, Commandeur de nos Ordres , le tout à peine de nullité des Presentes; du contenu desquelles vous mandons & enjoignons de faire jouïr l'Exposant ou ses ayans cause pleinement & paisiblement , sans souffrir qu'il leur soit fait aucun trouble ou empêchement. Voulons que la Copie desdites Presentes qui sera imprimée au commencement ou à la fin dudit Livre, soit tenuë pour dûëment signifiée; & qu'aux Copies collationnées par l'un de nos amez & feaux Conseillers & Secretaires , foi soit ajoûtée comme à l'Original. Commandons au premier nôtre Huissier ou Ser-

gent de faire pour l'execution d'i-
celles tous Actes requis & neceffaire, fans autre permiffion, &
nonobftant Clameur de Haro,
Chartre Normande & Lettres à
ce contraires : Car tel eft nôtre
plaifir. Donne' à Verfailles le
feptiéme jour de Septembre l'an
de Grace mil fept cens quatre, &
de nôtre Regne le foixante &
deuxiéme. Signé, Par le Roy en
fon Confeil, LE COMTE.
Et fcellé du grand Sceau de cire
jaune.

*Regiftré fur le Livre de la Commu-
nauté des Libraires & Imprimeurs,
N°. 270. page 372. conformément
aux Reglemens, & notamment à
l'Arreft du 13. Aouft 1703. A Paris
ce vingt-deuxiéme Novembre 1704.*
Signé, P. EMERY, Sindic.

TABLE
DES MATIERES
DU SECOND LIVRE.

A.

B.

H.

I.

L.

O.

P.

G

Y.

Fin de la Table des Matieres.

TABLE

ALPHABETIQUE

DES PLANTES, FLEURS, Arbres & Arbrisseaux contenus en ce Livre.

A.

TABLE

C

C.

H h

TABLE

G.

H.

Fin de la Tale des Plantes.

Fautes à corriger.

PAge 16. tou- , *lisez* toutes.
P. 28. Accacia , *l.* Acacia.
P. 35. Alternus , *l.* Alaternus.
P. 73. Azedarax , *l.* Azedarach.
P. 82. Blattaire , *l.* Blataire.
P. 110. Esclaire , *l.* Eclaire.
P. 111. Poids Ciches , *l.* Poid Ciche.
P. 113. sur la fin de l'Automne *l.* sur la
fin du Printems.
P. 126. Ctratesgus , *l.* Cratægus.
P. 132. Tennior , *l.* Tenuior.
P. 141. Doronie , *l.* Doronic.
P. 160. Fritillaire , *l.* Fritilaire.
P. 181. Vadice , *l.* Radice.
P. 195. Lamsana , *l.* Lampsana.
P. 283. Rhababarum , *l.* Rhabarbarum.
P. 286. Guarance, *l.* Garance.